职业院校技能图解系列教材

钳工技能图解

主 编 王 兵

副主编 朱爱浒 刘迎久 詹大成

参 编 赵 明 杨 东 王春玉 刘建雄

曾 艳 周少玉

审 稿 李贞权 尹述军

電子工業出版社

Publishing House of Electronics Industry

北京 • BEIJING

内 容 简 介

本书以钳工职业技能的训练为基础，内容包括钳工常用测量技术、划线、錾削、锯削、锉削、钻孔和铰孔、攻螺纹与套螺纹等。本书本着少而精的原则，突出技术实用性和通用性，以图解的形式编写而成。本书可作为各类职业院校机电、数控、模具专业教材，也可作为培训机构和企业青工自学用书，还可作为劳动力转移培训用书。

图书在版编目（CIP）数据

钳工技能图解 / 王兵主编. —北京：电子工业出版社，2012.9
职业院校技能图解系列教材
ISBN 978-7-121-18116-0

Ⅰ. ①钳…　Ⅱ. ①王…　Ⅲ. ①钳工—中等专业学校—教材　Ⅳ. ①TG9

中国版本图书馆 CIP 数据核字（2012）第 205041 号

策划编辑：白　楠
责任编辑：白　楠　　特约编辑：王　纲
印　　刷：北京捷迅佳彩印刷有限公司
装　　订：北京捷迅佳彩印刷有限公司
出版发行：电子工业出版社
　　　　　北京市海淀区万寿路 173 信箱　邮编　100036
开　　本：787×1 092　1/16　印张：11.75　字数：300.8 千字
版　　次：2012 年 9 月第 1 版
印　　次：2024 年 8 月第 4 次印刷
定　　价：23.00 元

凡所购买电子工业出版社图书有缺损问题，请向购买书店调换。若书店售缺，请与本社发行部联系，联系及邮购电话：（010）88254888，88258888。

质量投诉请发邮件至zlts@phei.com.cn，盗版侵权举报请发邮件至dbqq@phei.com.cn。

本书咨询联系方式：（010）88254583，zling@phei.com.cn。

前　　言

随着科学技术的迅速发展，对技能型人才的要求也越来越高。作为培养技能型人才的职业院校，原来的教学模式及教材已不能完全适应现今的教学要求。为贯彻《国务院关于大力发展职业教育的决定》精神，落实职业院校“工学结合、校企结合”的新教学模式，适应培养21世纪技能人才的需要，本着以学生就业为导向，以企业用人标准为依据，着眼于“淡化理论，够用为度”的指导思想，在遵从各职业技术院校学生的认知能力和规律的前提下编写了这本书。本书以介绍钳工操作步骤和方法为重点，突出钳工职业能力，以图表为主要编写形式，大量采用实景操作图片对操作过程进行剖析，深入浅出地讲解钳工的技术知识。本书着重培养学生的动手能力和创新能力，突出了融理论知识于生产实际的课程改革要求，可满足不同基础读者的需求。本书在编写中具有以下职业特点。

1．以能力为本位，准确定位目标。

结合各职业院校“双证制”和学生认知能力的需要，运用简洁的语言，让学生看得明白、易学、能掌握。

2．以工作岗位为依据，构建教材体系。

实现专业教材与工作岗位的有机对接，变学科式学习为岗位式学习，增强了教材的适用性，使教材的使用更加方便、灵活。

3．以工作任务为线索，组织教材内容。

以一个个工作任务整合相应的知识、技能，实现理论与实践的统一，同时摈弃了繁、难、旧等理论知识，进一步加强了技能方面的训练。

4．以大量现场实景图片，展示操作技能。

通过大量的现场实景图片，将抽象、深奥的知识具体化、形象化、清晰化，更好地阐释了钳工基本操作技能与相关内容，达到读图学习知识的目的，有利于读者的理解。

本书由荆州技师学院的王兵担任主编，荆州市劳动中专的朱爱浒、刘迎久、詹大成担任副主编。参加编写的还有赵明（荆州市劳动中专）、杨东（荆州技师学院）、王春玉（荆州市高级技工学校）、刘建雄（荆州市高级技工学校）、曾艳（金属刻度机械制造有限公司）、周少玉（荆州市高级技工学校）。全书由李贞权（荆州技师学院）、尹述军（荆州市高级技工学校）审稿，并提出了很多改进意见和建议，在此表示感谢。

本书可作为各类职业院校机电、数控、模具专业教材，也可作为培训机构和企业青工自学用书，还可作为劳动力转移培训用书。

限于编者水平和经验，书中不妥之处在所难免，敬请广大读者批评指正，以利提高。

编　者

2012年6月

目　录

开 学 导 篇

钳工是使用钳工工具或设备，按技术要求对工件进行加工、修整、装配的工种。其特点是手工操作多，灵活性强，工作范围广，技术要求高，且操作者本身的技能水平直接影响加工质量。

一、课程任务与要求

钳工基本操作技能包括划线、錾削、锯削、锉削、钻孔、攻螺纹、套螺纹等，见表 0-1。

表 0-1　钳工基本操作技能

基本操作	图　　示	说　　明
划线		根据图样的尺寸要求，用划线工具划出待加工部位的轮廓或基准的操作方法
錾削	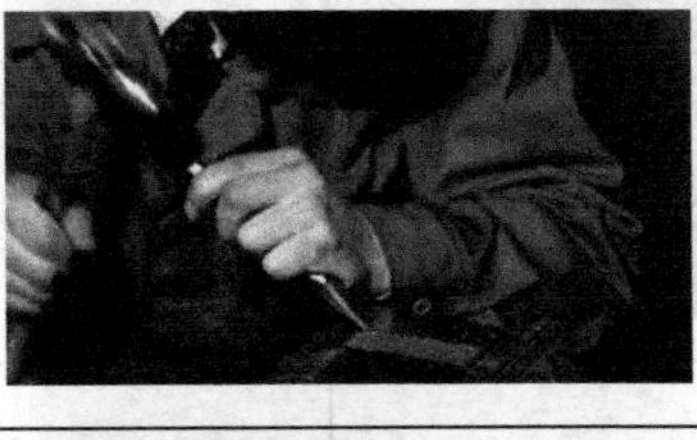	用手锤打击錾子对金属进行切削加工的操作方法
锯削		利用锯条锯断金属材料或在工件上进行切槽的操作方法
锉削		用锉刀对工件表面进行切削加工，使其达到图样要求的操作方法

续表

基本操作	图示	说明
钻（扩）孔		用钻头在工件上加工孔的操作方法
铰孔		用铰刀从工件壁上切除微量金属层，以提高孔尺寸精度和表面质量的操作方法
攻螺纹		用丝锥在内圆柱面上加工出内螺纹的操作方法
套螺纹		用板牙在圆杆上加工出外螺纹的操作方法
测量	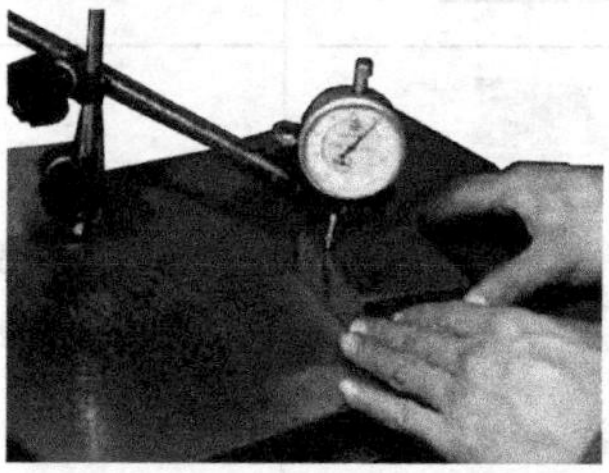	用量具、量仪检测工件或产品的尺寸、形状和位置是否符合图样技术要求的操作方法

本课程是职业院校机械类钳工工种技能训练的专业课程。课程的任务是培养学生理论联系实际、分析和解决生产一般技能问题的能力。通过本课程的学习，应达到如下具体要求：

① 掌握钳工常用量具、量仪的结构、原理、使用与保养方法。

② 掌握钳工常用刀具的几何形状、使用与刃磨方法。

③ 了解钻床的结构，能使用钻床完成钻、扩、锪、铰等孔的加工。

④ 掌握中级钳工应具备的理论知识及有关的计算，并能熟练查阅钳工方面的手册和资料。

⑤ 掌握初、中级钳工应会的操作技能。

⑥ 能对钳工加工制造的工件质量进行分析。

⑦ 能解决生产中一般技术问题。

⑧ 了解钳工方面的新工艺、新材料、新设备和新技术，理解提高劳动生产率的有关知识。

⑨ 熟悉安全、文明生产的有关知识，具有安全生产知识和文明生产的习惯。

⑩ 养成良好的职业道德。

二、课程教学特点

技能课主要是培养学生全面掌握操作技能和技巧，与文化理论课相比，其具有以下特点：

① 在教师示范、指导下（图 0-1），学生经过观察、模仿、反复练习，掌握基本操作技能。

图 0-1　示范教学

② 要求学生经常分析自己的操作动作和实训的综合效果，善于总结经验，改进操作方法。

③ 通过技能实训，能“真刀真枪”地练出真本领，并创造出一定的经济效益。

④ 通过科学化、系统化和规范化的基本训练，让学生全面地进行基本功练习。

⑤ 技能训练与生产实际相结合，在整个技能教学过程中都要教育学生树立安全操作和文明生产的思想。

三、钳工操作安全知识

1. 安全生产与全面安全管理

（1）安全生产的意义

安全生产的意义在于：

① 安全生产是国家的一项重要政策。生产过程中存在各种不安全的因素，如不及时预防和消除，就有发生事故和职业病的风险。

② 安全生产是现代化建设的重要条件。只有不断地改善劳动生产条件，构建一个安

全、文明、舒适的环境和科学的管理体系，才能加快生产力的发展，促进经济和社会的发展与和谐，激发生产技术操作人员的劳动热情与生产积极性。

（2）做好安全生产管理工作

做好安全生产管理，主要工作体现在以下几个方面：

① 抓好安全生产教育，贯彻预防为主的方针政策。

② 建立和健全安全生产规章制度。

③ 不断改善劳动条件，积极采取安全技术措施。

④ 认真贯彻“五同时”（计划、布置、检查、总结、评比安全生产工作），做好“三不放过”（事故原因不放过、措施不到位不放过、责任不追究不放过）。

（3）实现全面安全管理

全面安全管理（TSC）是指对安全生产全运算寄存器、全员参加和全部工作的安全管理。

① 从计划设计开始，到更新、报废的全过程，都要进行安全管理和控制。

② 实行全员参与，安全人人有责。

③ 全部工作的安全管理是指生产过程的每一项工艺都要进行全面的分析、评价和采取相应的措施等，实现“高高兴兴上班来，平平安安回家去”的目标。

2. 安全文明生产

安全文明生产直接影响到人身安全、产品质量和经济效益，影响操作使用设备和工、量具的使用寿命及操作人员技术水平的正常发挥，因此必须严格执行。

（1）安全操作要求

① 工件放在钳口上要夹紧，只能用手扳紧手柄，绝不能在手柄上套管子接长或用锤敲击手柄，以免损坏虎钳丝杠或螺母上的螺纹。

② 工件必须牢固地夹在虎钳钳口的中部，以使钳口受力均匀。虎钳手柄应靠端头。

③ 锉削工件时不得使用无柄锉刀，以免戳伤手腕。不许将锉刀当撬杠用，更不得随意敲打。锉削时，不可用手摸已锉过的工件表面，因手有油污，会导致锉削打滑，从而造成伤害事故。

④ 錾子、冲头尾部不准有淬头裂缝或卷边及毛刺，錾切工件时要注意切屑飞溅方向，以免伤人。

⑤ 錾削、锯切、锉削和钻孔时会产生许多切屑，清除时只能用毛刷，禁止用手直接清除或用嘴吹切屑，以免伤人。

⑥ 刮削前应清除工件锐边，刮削工件边缘时不能用力太大，以免冲出发生事故。锯切工件时，用力要均匀，不能重压或强扭。锯条松紧要适当，以防折断的锯条从锯弓上弹出伤人。工件快锯断时用力要轻，并用手扶着，以防工件被锯下的部分跌落砸脚。

⑦ 拆装和拿取零件时要扶好、托稳或夹牢，以免跌落受损或伤人。

⑧ 锤击工件只可在砧面上进行。

⑨ 使用砂轮刃磨工具时，要按操作规程进行。

⑩ 钻床速度不能随意变更，若要调整，必须停车后才能调整。

⑪ 钻孔时工件必须夹于虎钳中，严禁用手握住工件。钻孔将要穿透时，应十分小心，不可用力过猛。

⑫ 使用钻床前必须穿好工作服，扎紧袖口，钻孔时不得戴手套工作。女同志必须戴工作帽并把头发塞入帽内。钻孔时头部不准与旋转主轴靠得太近，不得用手或擦布触及钻床主轴和钻头，当心衣袖或头发卷入。

⑬ 攻丝和铰孔时，用力要均匀，大小要适当，以免损坏丝攻和铰刀。

（2）文明生产要求

① 工作前应按要求穿戴好防护用品。

② 不准擅自使用不熟悉的机床、工具和量具。

③ 毛坯、半成品应按规定摆放整齐，并随时清除油污、异物。

④ 不得用手直接拉、擦切屑。

⑤ 工具、量具、夹具等应放在指定地点，严禁乱堆乱放。

⑥ 工作中一定要遵守钳工安全操作规程。

四、现场参观

1. 参观学校（或本厂）的实习场地与设施、布局等（图 0-2）

图 0-2 钳工实习车间

（1）认识钳工工作台

钳工工作台又称为钳桌，是钳工专用的工作台，用于安装台虎钳并放置工件、工具，如图 0-3 所示。工作台离地面的高度为 800～900mm，台面厚度以 60mm 为宜。

图 0-3 钳工工作台

（2）认识台虎钳

台虎钳是用来夹持工件的通用夹具，其规格用钳口宽度表示。常用的规格有 100mm、125mm 和 150mm 等。

台虎钳有固定式和回转式两种，如图 0-4 所示。两者的主要结构和工作原理基本相同，其不同点是回转式台虎钳比固定式台虎钳多了一个底座，工作时钳身可在底座上回转。

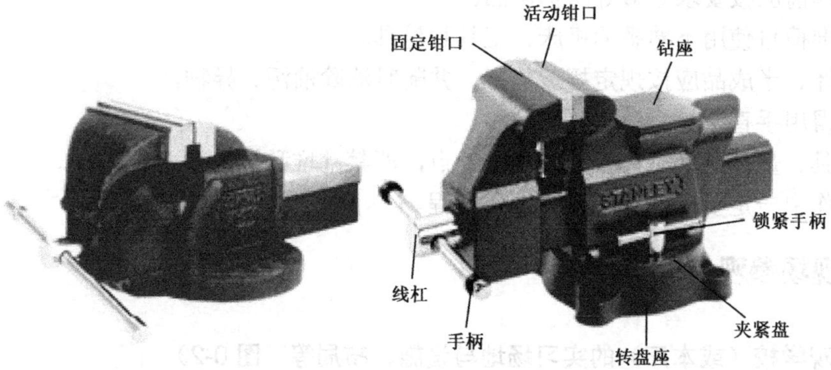

（a）固定式　　（b）回转式

图 0-4　台虎钳

台虎钳安放在工作台上面的高度要恰好与操作者的手肘平齐，如图 0-5 所示。

图 0-5　台虎钳安放高度的确定

提示

台虎钳钳口材料非常坚硬、耐磨。如被夹工件表面是精加工表面，而且不允许被夹伤，就要使用软钳口衬片附加在钳口上（一般用铜、铝等金属板材制作），如图 0-6 所示。

图 0-6　安装软钳口的台虎钳

2. 参观学生实习产品

展示往届学生实习作品，如图 0-7 所示，增加新生学习兴趣。

图 0-7　学生实习作品（部分）

五、组织讨论

① 对钳工工作的认识与想法。

② 遵守实训车间的规章制度的重要意义。

③ 注重文明生产和遵守安全操作规程的重要意义。

想一想

① 在当今现代机器大生产条件下，为什么还需要以手工操作为主的钳工呢？

② 通过参观学习，你了解到的钳工常用基本操作有哪些？通过网络查阅相关资料，你还知道了哪些钳工操作内容？

项目一　钳工常用量具的认知与使用

量具是测量的基本要素，为保证产品质量，必须对加工过程中及加工完成的工件进行严格的测量，如图 1-1 所示。掌握正确的测量方法并读取准确的测量数据是钳工完成加工工作的一个重要保障。

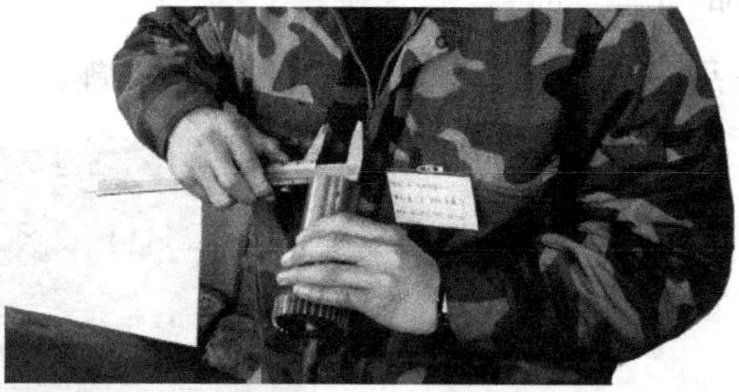

图 1-1　钳工测量

项目学习目标

学习内容		学习方式
知识目标	①了解各种钳工常用量具 ②熟悉各种量具的结构 ③掌握各种量具的读数原理	教师讲授、启发、引导、互动式教学
技能目标	①掌握各种量具的读数方法 ②掌握钢直尺、游标卡尺、千分尺、百分表测量工件的操作方法 ③学会各种量具的维护保养	教师演示，学生实训，教师巡回指导
情感目标	激发学生对钳工技术的兴趣，培养胆大心细的素养和团队合作意识	小组讨论，取长补短，相互协作

项目学习内容

活动一　钳工常用量具的认知

随着测量技术的迅速发展，量具的种类也越来越多，根据其用途和特点的不同，量具分为三大类，见表 1-1。生产中，钳工主要使用万能量具和专用量具。

表 1-1 量具的分类

量具的分类	使 用 特 点	举 例
万能量具	这类量具一般都有刻度，能对多种零件、多种尺寸进行测量。在测量范围内能测量出零件形状、尺寸的具体数值	游标卡尺、千分尺、百分表、万能角度尺等
专用量具	这类量具是专门测量零件某一形状、尺寸用的。它不能测量出零件具体的实际尺寸，只能测量出零件的形状、尺寸是否合格	卡规、量规
标准量具	这是用来校对和调整其他量具的量具，因而只能制成某一固定的尺寸	千分尺校验棒、量规

一、钢尺

钢尺又称为钢皮尺、钢直尺，它能直接量出物体的尺寸，但测量精度较低（一般为 0.5mm）。常用的钢尺有 150mm、300mm、500mm、1000mm 共 4 种规格，如图 1-2 所示。

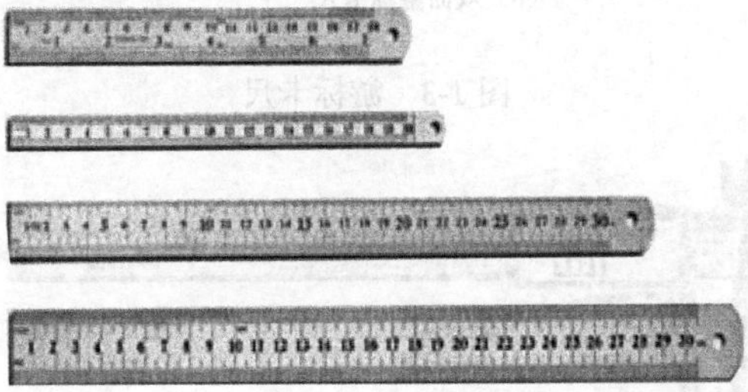

图 1-2 钢尺

二、游标卡尺

游标卡尺主要由上量爪、下量爪、紧固螺钉、尺身、游标和深度尺组成，它是钳工常用的量具之一。游标卡尺的种类很多，常用的游标卡尺有三用游标卡尺和双面游标卡尺两种，如图 1-3 所示。它是一种中等精度的量具，可以直接测量出外径、孔径、长度、宽度、深度和孔距等尺寸。游标卡尺的规格可分为 0～125mm、0～200mm、0～300mm、0～500mm、300～800mm、400～1000mm、600～1500mm、800～2000mm 等，其测量精度有0.1mm、0.05mm、0.02mm 三种。

提示

随着高度集成化的容栅传感器电子件（带液晶显示器的数显单元）的使用，配以普通量具的机械组件，便构成了相应的电子数显量具，如图 1-4 所示是电子数显游标卡尺。

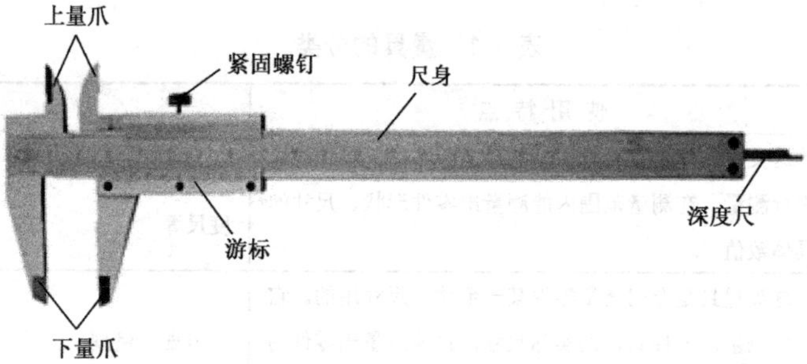

（a）三用游标卡尺

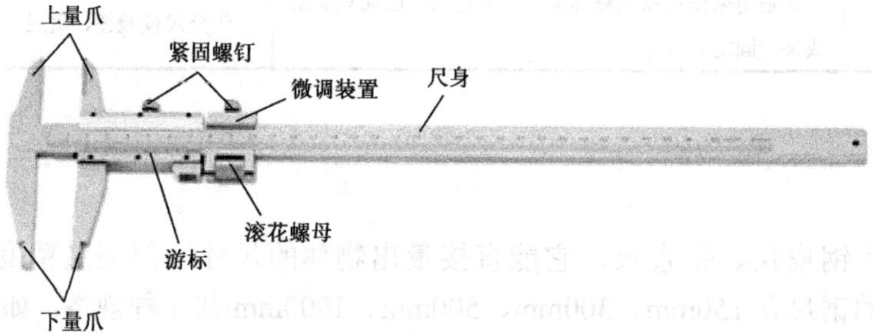

（b）双面游标卡尺

图 1-3　游标卡尺

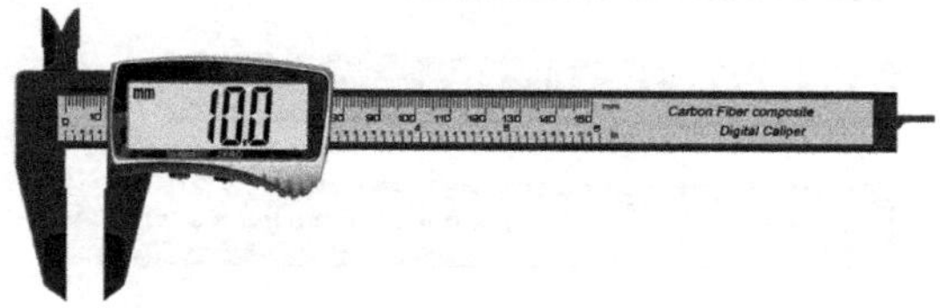

图 1-4　电子数显游标卡尺

三、高度尺

高度尺由尺身、微调装置、划线爪、游标和底座等组成，如图 1-5 所示，用于测量工件的高度或进行划线。

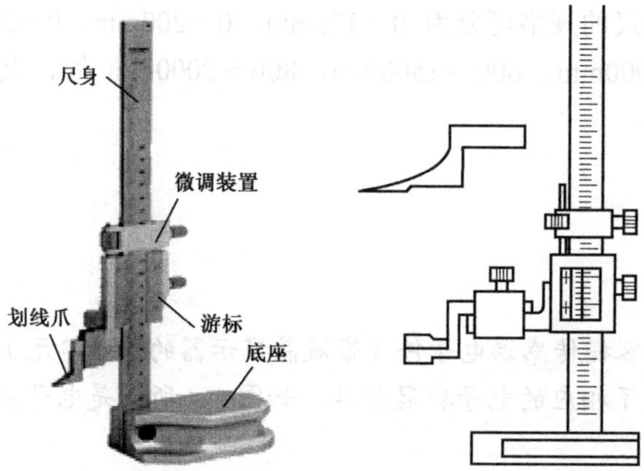

图 1-5　高度尺

四、千分尺

千分尺由尺架、固定测砧、测微螺杆、测力装置和锁紧装置等组成，如图 1-6 所示，它是生产中最常用的一种精密量具。它的测量精度为 0.01mm。千分尺的种类很多，按用途可分为外径千分尺、内径千分尺、深度千分尺、内测千分尺、螺纹千分尺和壁厚千分尺等。

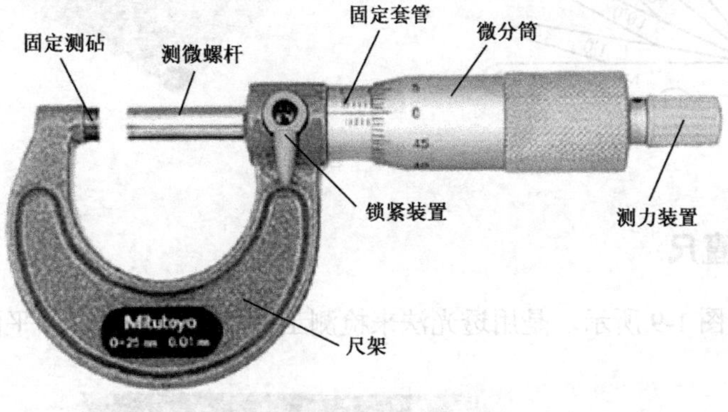

图 1-6　千分尺

五、90° 角尺

90° 角尺如图 1-7 所示，它由短边和长边组成，用来检测工件相邻表面的垂直度。其精度等级有 4 个：00 级、0 级、1 级、2 级。其中，00 级精度最高，0 级、1 级、2 级精度依次降低。

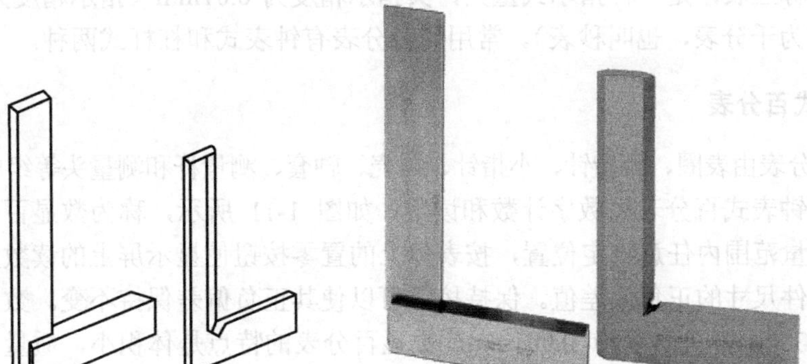

图 1-7　90° 角尺

六、塞尺

塞尺也叫厚薄规，如图 1-8 所示，它是由不同厚度的薄钢片组成的一套测量工具，用于检测两个面间的间隙大小，每个钢片上都标注有其厚度尺寸。

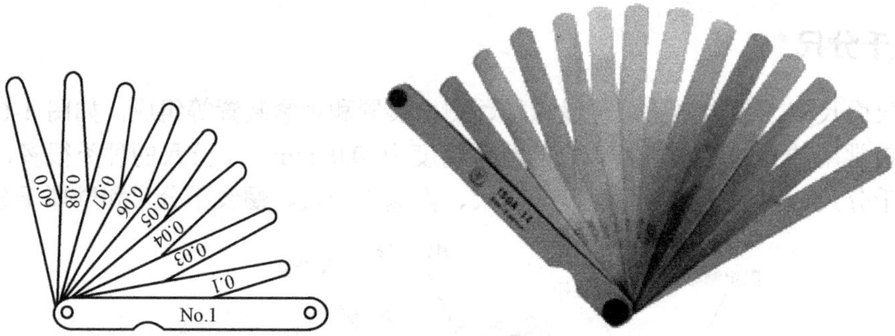

图 1-8 塞尺

七、刀口形直尺

刀口形直尺如图 1-9 所示，是用透光法来检测工件平面的直线度和平面度的量具。

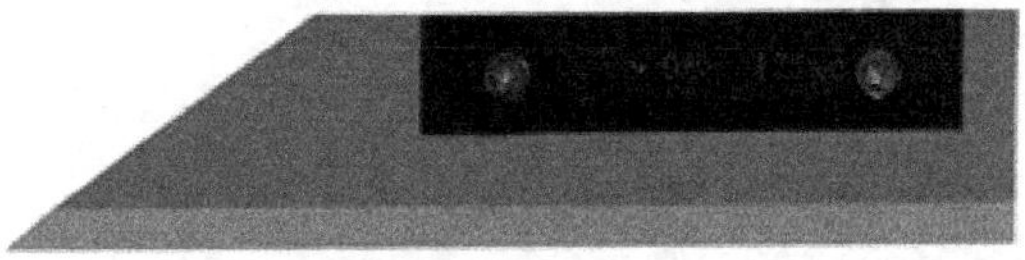

图 1-9 刀口形直尺

八、百分表

百分表又称丝表，是一种指示式量具，其指示精度为 0.01mm（指示精度为 0.001mm 或 0.002mm 的称为千分表，也叫秒表）。常用的百分表有钟表式和杠杆式两种。

1. 钟表式百分表

钟表式百分表由表圈、大指针、小指针、罩壳、轴套、测量杆和测量头等组成，如图 1-10 所示。新式的钟表式百分表用数字计数和读数，如图 1-11 所示，称为数显百分表。数显百分表可在其测量范围内任意给定位置，按表体上的置零按钮使显示屏上的读数置零，然后直接读出被测工件尺寸的正负偏差值。保持按钮可以使其正负偏差保持不变。数显百分表的测量范围是 0～30mm，分辨率为 0.001mm。数显百分表的特点是体积小，质量小，功耗小，测量速度快，结构简单，对环境要求不高。

2. 杠杆百分表

杠杆百分表由夹持杆、表圈、指针、尺架和球面测杆等组成，如图 1-12 所示。杠杆百分表的测量范围和钟表式百分表一样，但其体积较小，是利用杠杆和齿轮放大原理制成的，球面测杆可根据工件的需要改变测量的位置。

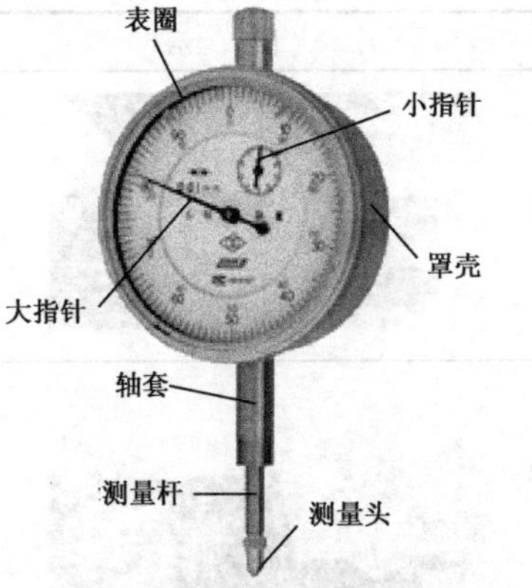

图 1-10　钟表式百分表

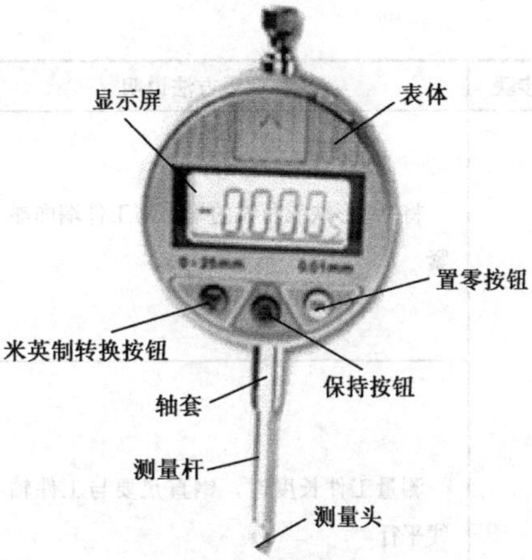

图 1-11　钟表式数显百分表

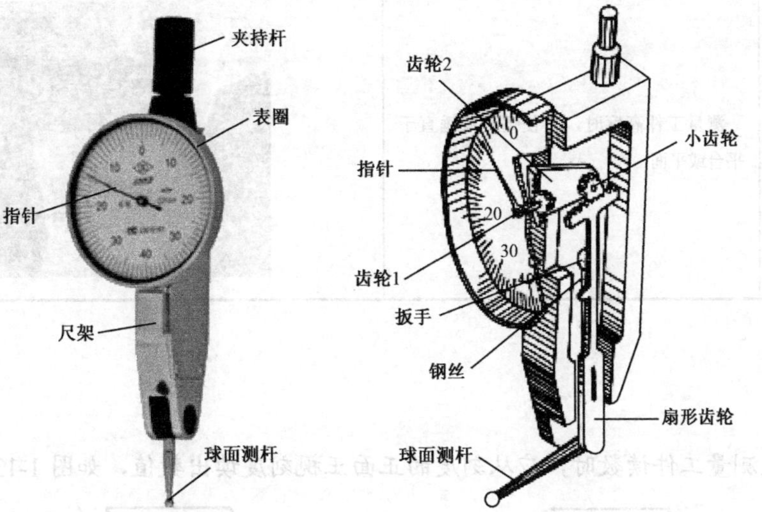

图 1-12　杠杆百分表

活动二　钢直尺的使用

一、用钢直尺测量工件

用钢直尺测量工件的步骤如方法见表 1-2。

表 1-2　用钢直尺测量工件的步骤和方法

步骤	使用方法说明	图　示
检查钢直尺	检查钢直尺刻度、端面、刻度侧面有无缺陷与弯曲，并用棉纱擦净尺面	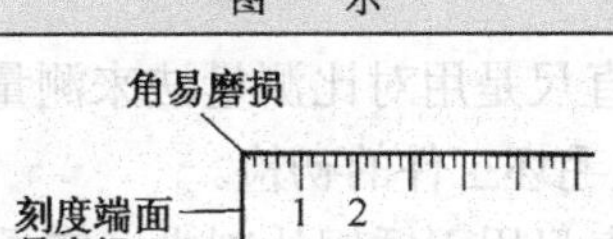

续表

步骤	使用方法说明	图　示
测量	将 V 形铁或角铁的平面与工件端面靠紧	
	测量工件长度时，钢直尺要与工件轴线平行	
	测量工件高度时，要使钢直尺垂直于平台或平面	

提示

用钢直尺测量工件读数时，应从刻度的正面正视刻度读出数值，如图 1-13 所示。

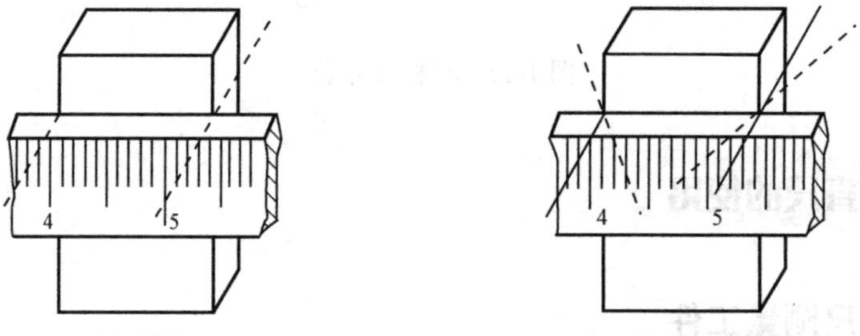

(a) 正确　　(b) 错误

图 1-13　钢直尺的读数

二、钢直尺使用注意事项

① 钢直尺是用对比测量法来测量工件尺寸的，其读数精度较低，适于测量精度要求不高的尺寸或毛坯工件的初检。

② 钢直尺用不锈钢片制成，容易弯曲变形，应注意保管。

③ 钢直尺在测量工件孔径时，必须与卡钳配合使用。

④ 钢直尺在测量工件时，不能歪斜，应平行于工件被测要素且保持一致。

活动三　游标卡尺的使用

一、游标卡尺读数原理

常用游标卡尺的读数精度有 0.1mm、0.05mm、0.02mm 三种。其读数精度是利用尺身和游标刻线间的距离之差来确定的。游标卡尺的读数原理见表 1-3。

表 1-3　游标卡尺的读数原理

读数精度	原理图解	说明
0.1mm	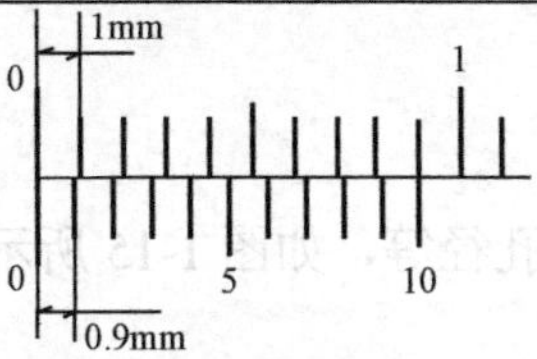	这种游标卡尺尺身上每小格为 1mm，游标刻线总长为 9mm，并分为 10 格，因此每格为 9÷10=0.9mm。这样，尺身和游标相对一格之差就为 1–0.9=0.1mm
0.05mm	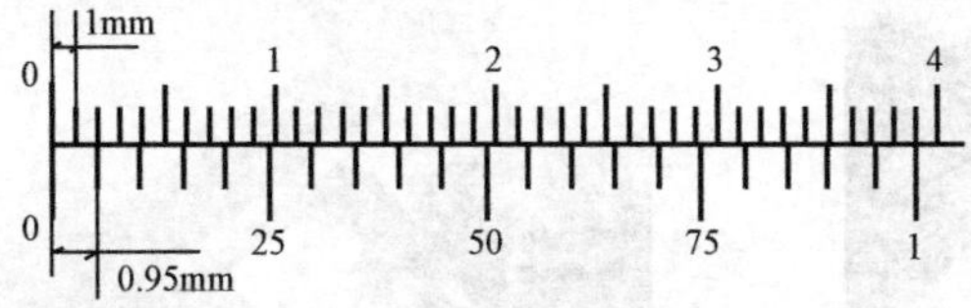	这种游标卡尺尺身上每小格为 1mm，游标刻线总长为 39mm，并分为 20 格，因此每格为 39÷20=1.95mm。这样，尺身两格和游标一格之差就为 2–1.95=0.05mm
0.02mm	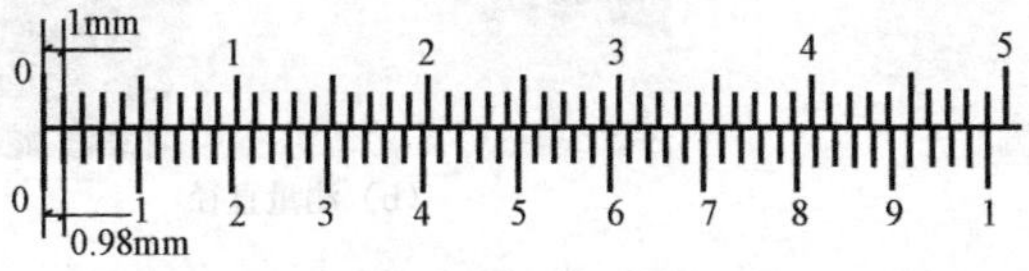	这种游标卡尺尺身上每小格为 1mm，游标刻线总长为 49mm，并分为 50 格，因此每格为 49÷50=0.98mm。这样，尺身和游标相对一格之差就为 1–0.98=0.02mm

二、游标卡尺的读数方法

游标卡尺是以游标的“0”线为基准进行读数的，其读数分为以下三个步骤。现以图 1-14 所示的精度为 0.02mm 的游标卡尺为例进行说明。

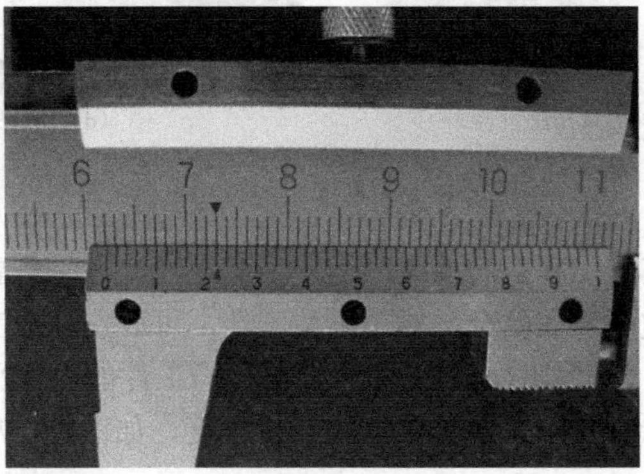

图 1-14　游标卡尺读数示例

第一步：读整数。

以游标“0”线（零位线）为基准，读出游标零位线左侧的尺身上的整毫米值。在图 1-14 中，游标零位线左侧尺身上的整毫米数为 62mm。

第二步：读小数。

找出游标上哪一根刻线与尺身刻线对齐，并用这个刻线数乘以其精度值（0.02mm），即为小数部分的读数值。在图 1-14 中，游标上的第 11 根刻线与尺身上的刻线对齐，因而小数部分的读数为 11×0.02mm = 0.22mm。

第三步：将整数部分与小数部分相加，即为被测表面的尺寸。

图 1-14 中的尺寸为 62mm + 0.22mm = 62.22mm。

三、游标卡尺的使用方法及注意事项

1. 使用方法

游标卡尺用于测量工件的直径、宽度、孔径等，如图 1-15 所示。

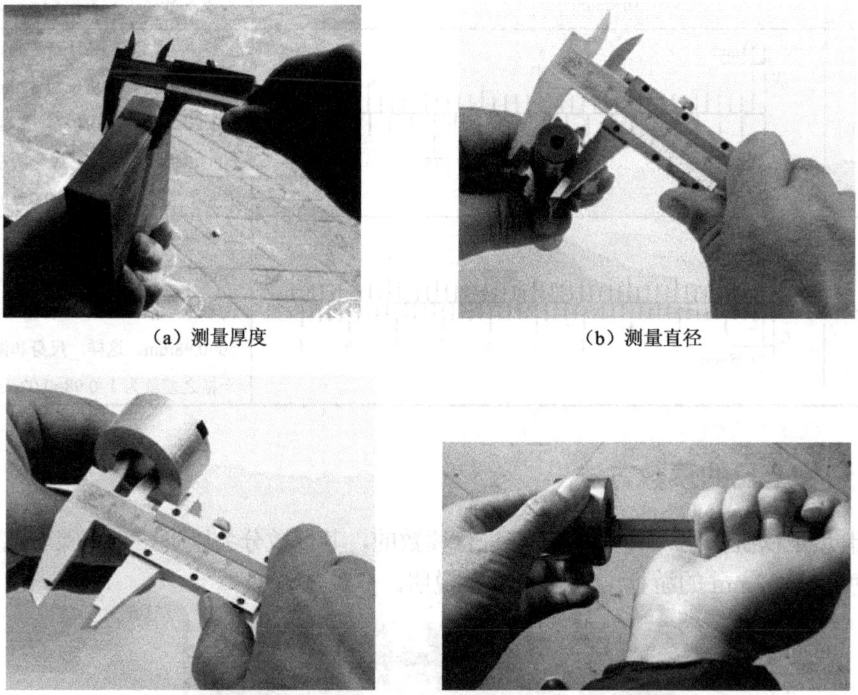

（a）测量厚度　（b）测量直径　（c）测量孔径　（d）测量深度

图 1-15　游标卡尺的使用范围

对于大型工件，将其置于稳定的状态，用左手拿主尺，右手拿副尺。移动副尺卡爪，使两卡爪测量面与工件的被测量面贴合。对于小型工件，可以左手拿工件，右手拿游标卡尺进行测量，如图 1-16 所示。测量时，卡爪测量面必须与工件的表面平行或垂直，不得歪斜，且用力不能过大，以免卡脚变形或磨损，影响测量精度。如图 1-17 所示就是游标卡尺一些错误的测量方法。

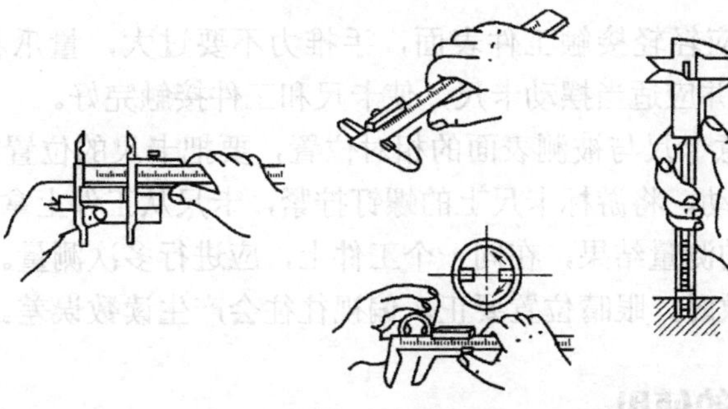

图 1-16　游标卡尺的正确使用方法

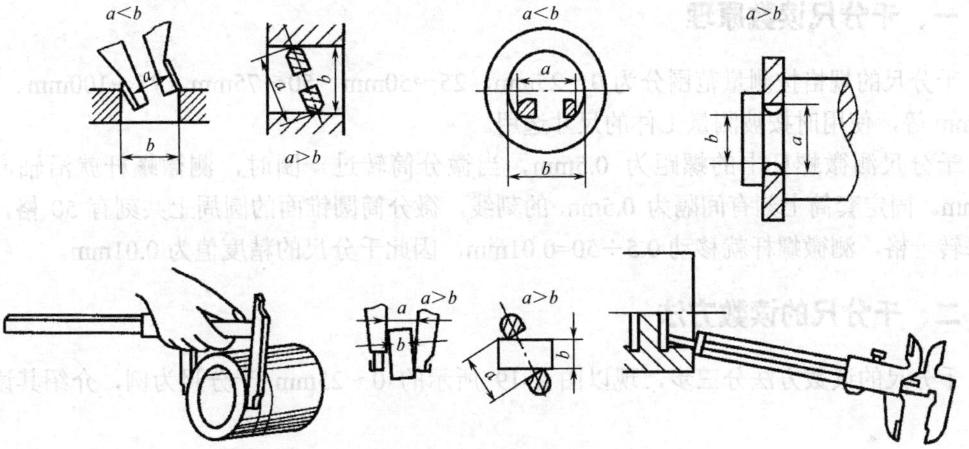

图 1-17　游标卡尺错误的测量方法

2．游标卡尺的使用注意事项

使用游标卡尺要注意以下几点。

① 测量前，先用棉纱把卡尺和工件被测量部位都擦干净，并进行零位复位检测（当两个量爪合拢在一起时，主尺和游标尺上的两个零线应对齐，两量爪应密合无缝隙），如图 1-18 所示。

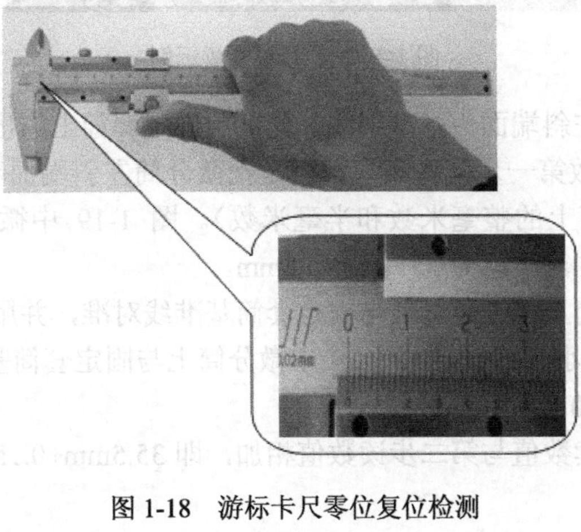

图 1-18　游标卡尺零位复位检测

② 测量时，卡尺应轻轻接触工件表面，手推力不要过大，量爪和工件的接触力要适当，不能过松或过紧，并应适当摆动卡尺，使卡尺和工件接触完好。

③ 测量时，要注意卡尺与被测表面的相对位置，要把卡尺的位置放正确，然后再读尺寸，或者测量后量爪不动，将游标卡尺上的螺钉拧紧，卡尺从工件上拿下来后再读尺寸。

④ 为了得出准确的测量结果，在同一个工件上，应进行多次测量。

⑤ 看卡尺上的读数时，眼睛位置要正，偏视往往会产生读数误差。

活动四 千分尺的使用

一、千分尺读数原理

千分尺的规格按测量范围分为 0～25mm、25～50mm、50～75mm、75～100mm、100～125mm 等，使用时按被测量工件的尺寸选用。

千分尺测微螺杆上的螺距为 0.5mm，当微分筒转过一圈时，测微螺杆就沿轴向移动 0.5mm。固定套筒上刻有间隔为 0.5mm 的刻线，微分筒圆锥面的圆周上共刻有 50 格，微分筒每转一格，测微螺杆就移动 0.5÷50=0.01mm，因此千分尺的精度值为 0.01mm。

二、千分尺的读数方法

千分尺的读数方法分三步，现以图 1-19 所示的 0～25mm 千分尺为例，介绍其读数方法。

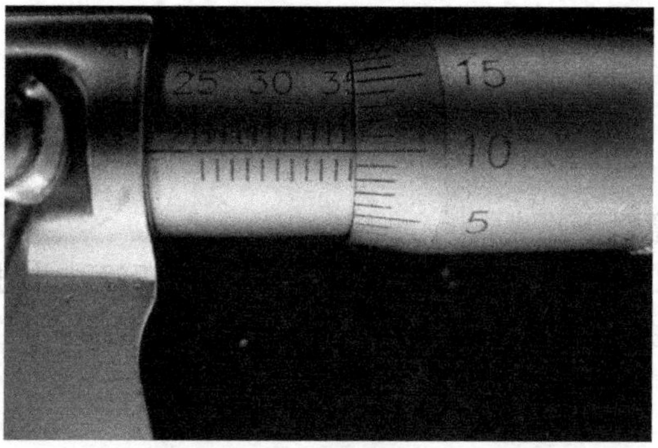

图 1-19 千分尺读数示例

第一步：以微分筒左斜端面为基准刻线，先读出固定套筒上露出刻线的整毫米数和半毫米数（这与游标卡尺读数第一步基本相同，就是把微分筒左斜端面看成“游标零位线”，读出“尺身”，即固定套筒上的整毫米数和半毫米数）。图 1-19 中微分筒旋转位置超过了半格，所以固定套筒露出的刻线就为 35+0.5=35.5mm。

第二步：看准微分筒上哪一条刻线与固定套筒基准线对准，并用这个刻线数乘以千分尺的精度值 0.01mm，读出小数部分。图 1-19 中微分筒上与固定套筒基准线对齐的为第 10 条刻线，则其示值为 10×0.01=0.1mm。

第三步：将第一步读数值与第二步读数值相加，即 35.5mm+0.1mm=35.6mm。

三、千分尺的使用方法及注意事项

1. 千分尺的使用方法

使用千分尺测量工件时，千分尺可单手握、双手握或将千分尺固定在尺架上，如图 1-20 所示。

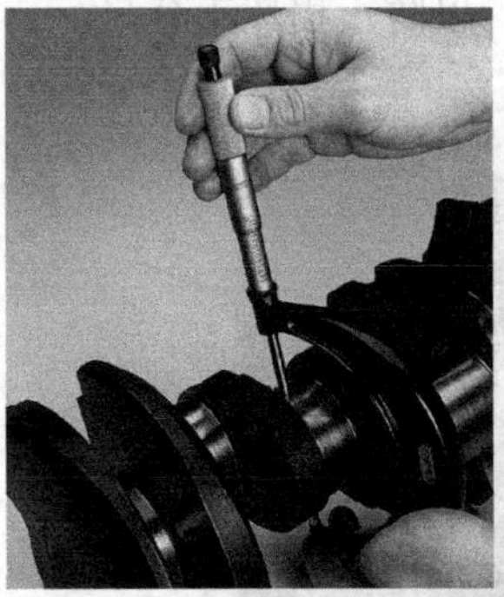

（a）单手握

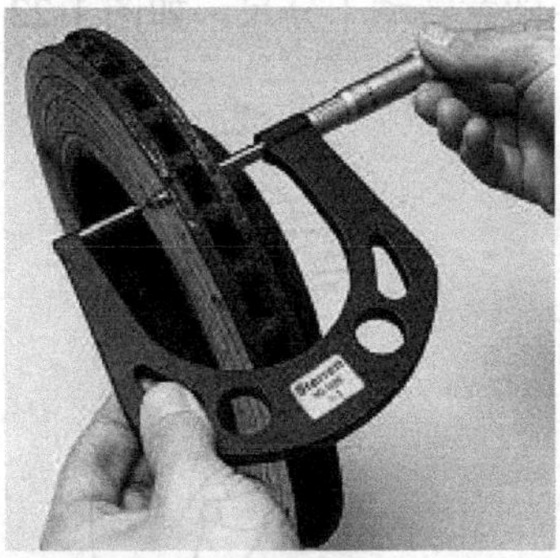

（b）双手握

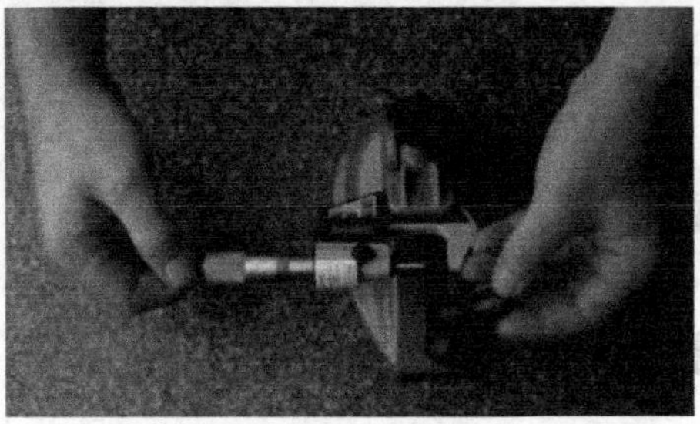

（c）放在尺架上测量

图 1-20　千分尺的使用方法

2. 千分尺的使用注意事项

① 千分尺是一种精密量具，不宜测量粗糙毛坯面。

② 在测量工件之前，应检查千分尺的零位，即检查千分尺微分筒上的零线和固定套筒上的零线基准是否对齐，如图 1-21 所示。如不对齐，应加以校正。

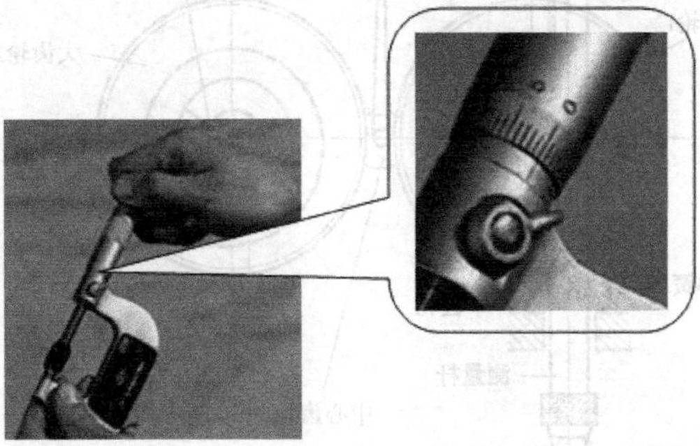

图 1-21　检查千分尺零位

③ 测量时，转动测力装置和微分筒，当测微螺杆和被测量面轻轻接触而内部发出棘轮“吱吱”响声时停止，这时就可读出测量尺寸。

④ 测量时要把千分尺位置放正，量具上的测量面（测砧端面）要在被测量面上放平放正。

⑤ 加工铜件和铝件一类材料时，它们的线膨胀系数较大，切削中遇热膨胀而使工件尺寸增加。所以，要用切削液浇后再测量，否则，测出的尺寸易出现误差。

⑥ 不能用手随意转动千分尺，如图 1-22 所示，以防止损坏千分尺。

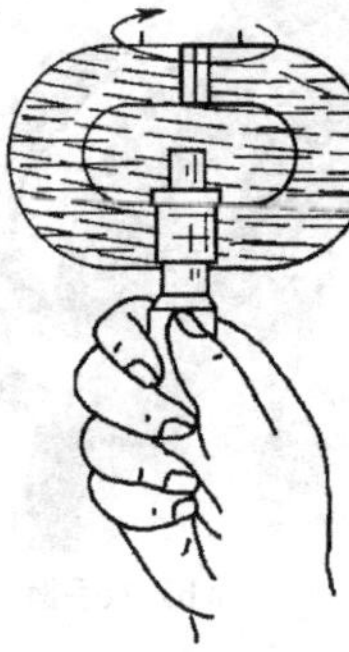

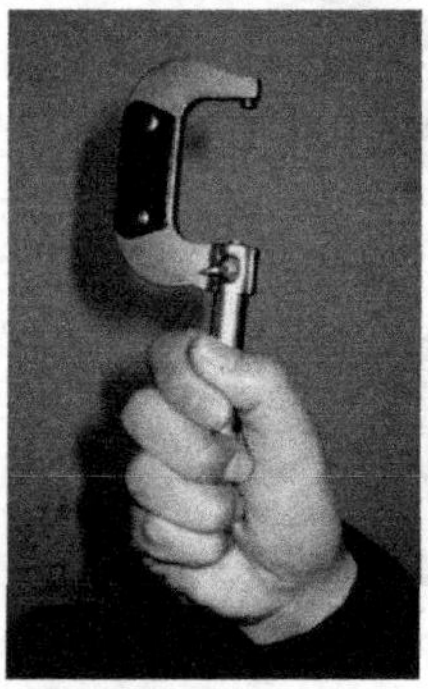

图 1-22 用手转动千分尺

活动五 百分表的使用

一、百分表的工作原理

1. 钟表式百分表的工作原理

钟表式百分表的工作传动原理如图 1-23 所示。测量杆上铣有齿条，与小齿轮啮合，小齿轮与大齿轮 1 同轴，并与中心齿轮啮合。中心齿轮上装有大指针。当测量杆移动时，小齿轮与大齿轮 1 转动，这时中心齿轮与其轴上的大指针也随之转动。

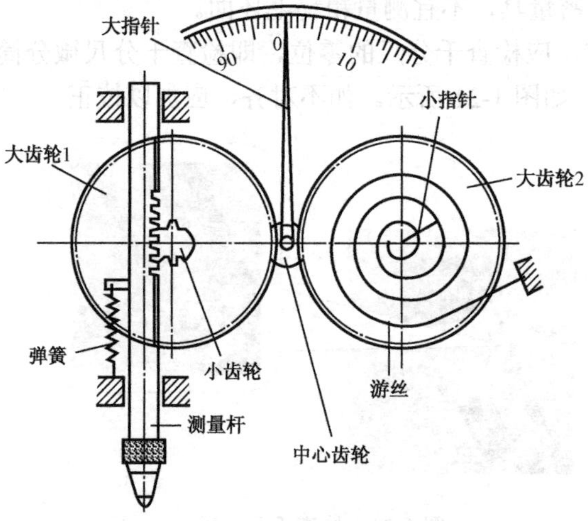

图 1-23 钟表式百分表的工作传动原理

测量杆的齿条齿距为 0.625mm，小齿轮的齿数为 16 齿，大齿轮 1 的齿数为 100 齿，中心齿轮的齿数为 10 齿。当测量杆移动 1mm 时，小齿轮转动 1÷0.625=1.6 齿，即 1.6÷16=1/10 转，同轴的大齿轮 1 也转过了 1/10 转，即转过 10 个齿。这时中心齿轮连同大指针正好转过一周。由于表面上刻度等分为 100 格，因此，当测量杆移动 0.01mm 时，大指针转过 1 格。百分表的工作原理用数学表达如下。

当测量杆移动 1mm 时，大指针转过的转数 n 为：

$$n=\frac{\frac{1}{0.625}}{16}\times\frac{100}{10}=1\ \text{转}$$

由于表面刻度等分为 100 格，因此大指针转 1 格的读数值 a 为：

$$a=\frac{1}{100}=0.01\text{mm}$$

由上可知，百分表的工作传动原理是将测量杆的直线移动，经过齿条和齿轮的传动放大，转变为指针的转动。大齿轮 2 在游丝扭力的作用下跟中心齿轮啮合靠向单面，以消除齿轮啮合间隙所引起的误差。在大齿轮 2 的轴上装有小指针，用于记录大指针的回转圈数（即毫米数）。

2．杠杆百分表的工作原理

杠杆百分表的球面测杆与扇形齿轮靠摩擦连接，当球面测杆向上（或下）舞动时，扇形齿轮带动小齿轮转动，再经齿轮 2 和齿轮 1 带动指针转动（图 1-12），这样就可在表上读出测量值。

杠杆百分表的球面测杆臂长 $l=14.85\text{ mm}$，扇形齿轮圆周展开齿数为 408 齿，小齿轮为 21 齿，齿轮 2 圆周展开齿数为 72 齿，齿轮 1 为 12 齿，百分表表面分为 80 格。当测杆转动 0.8mm（弧长）时，指针的转数 n 为：

$$n=\frac{0.8}{2\pi\times14.85}\times\frac{4080}{21}\times\frac{72}{12}=1\ \text{转}$$

由于表面等分成 80 格，因此指针每一格表示的读数值 a 为：

$$a=\frac{0.8}{80}=0.01\text{mm}$$

由此可知，杠杆百分表是利用杠杆和齿轮放大原理制成的。杠杆百分表的球面测杆可以自下向上摆动，也可自上向下摆动。当需要改变方向时，只要扳动扳手，通过钢丝使扇形齿轮靠向左边或右边。测量力由钢丝产生，它还可以消除齿轮啮合间隙。

二、百分表的使用方法及注意事项

1．百分表的使用方法

百分表一般用磁性表座固定，如图 1-24 所示，用来测量工件的尺寸、形位公差等。

测量时，测量杆应垂直于测量表面，使指针转动 1/4 周，然后调整百分表的零位。杠杆百分表的使用较为方便，当需要改变方向测量时，只需要扳动扳手。如图 1-25 所示是测量工件径向和端面圆跳动的方法。

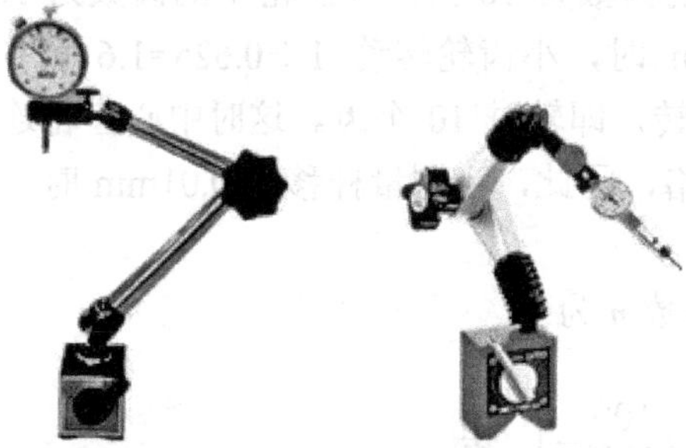

图 1-24 百分表在磁性表座中的安装

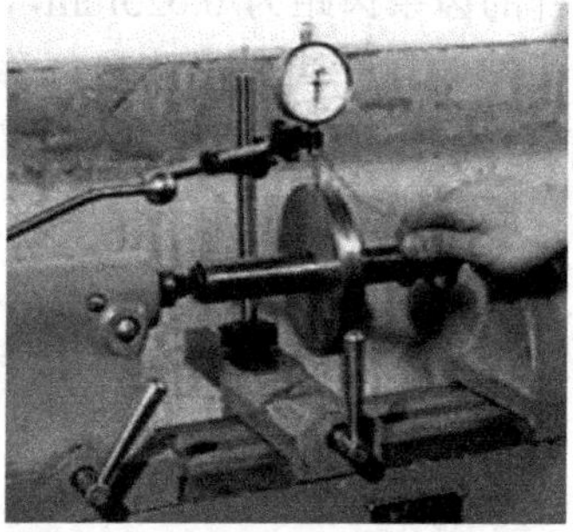

图 1-25 测量径向和端面圆跳动

2．百分表的使用注意事项

① 百分表是精密量具，严禁在粗糙表面上进行测量。

② 测量时，测量头与被测量表面接触，并使测量头向表内压缩 1～2mm，然后转动表盘，使指针对正零线，再将表杆上下提几次，待表针稳定后再进行测量，如图 1-26 所示。

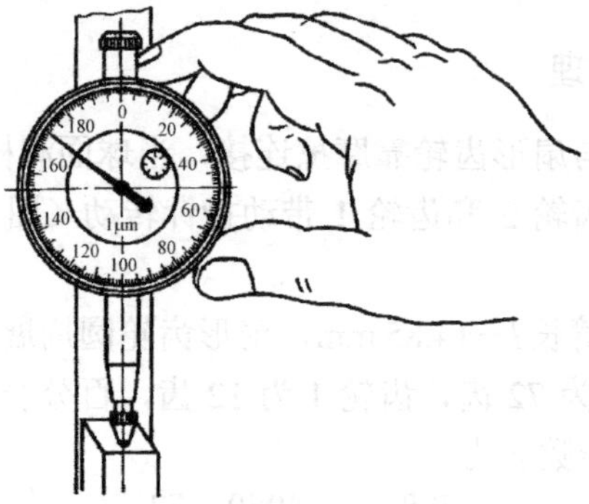

图 1-26 调整百分表零位

③ 测量时测量头和被测量表面的接触尽量呈垂直状态，便于减少误差，保证测量准确。

④ 不能随意拆卸百分表的零部件。

⑤ 测量杆上不要加油，油液进入表内会形成污垢，从而降低百分表的使用灵敏度。

⑥ 要轻拿稳放，尽量减少振动。

⑦ 使用完毕后，要将百分表擦净放入盒内。

项目评价

一、思考题

1．根据量具用途和特点的不同，量具分为哪几大类？

2．常用的游标卡尺有哪两种？

3．在图 1-27 中相应位置标出游标卡尺组成部分的名称。

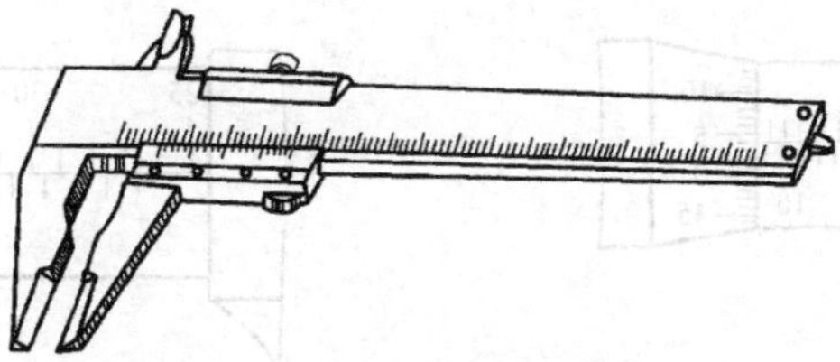

图 1-27　游标卡尺的标注

4．简述读数精度为 0.02mm 的游标卡尺的读数原理。

5．写出图 1-28 所示的游标卡尺的读数值。

（a）__________mm。

（b）__________mm。

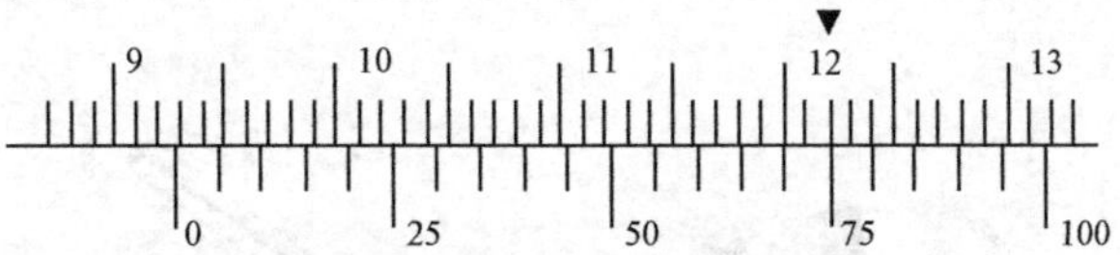

（a）0.05mm（1/20）精度游标卡尺

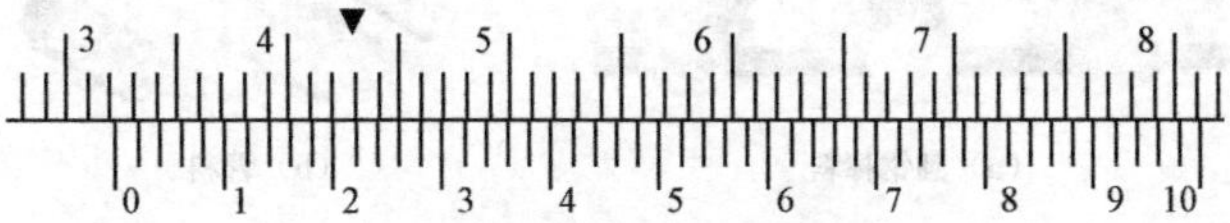

（b）0.02mm（1/50）精度游标卡尺

图 1-28　游标卡尺认读

6．使用游标卡尺应注意哪些问题？

7．千分尺由哪些部分组成？按用途可分为几种？

8．在图 1-29 中相应位置标出千分尺组成部分的名称。

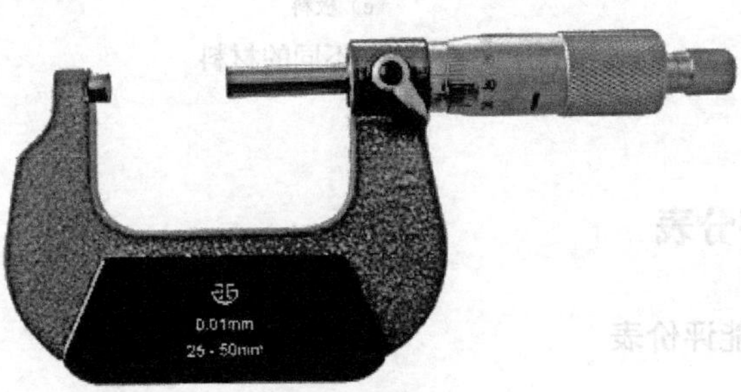

图 1-29　千分尺的标注

9．写出图 1-30 所示的千分尺的读数值。

（a）__________mm。

（b）__________mm。

10．使用千分尺应注意哪些问题？

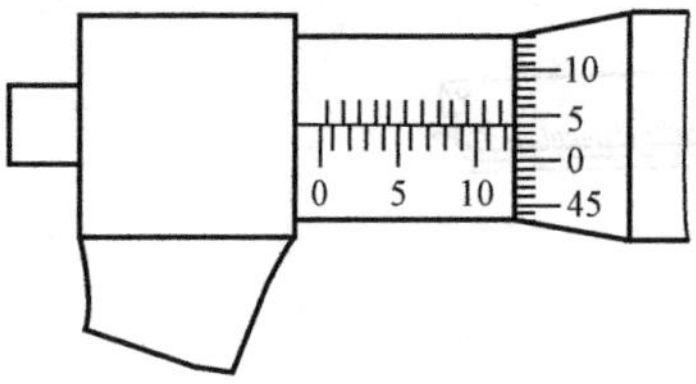

（a）0～25mm的千分尺

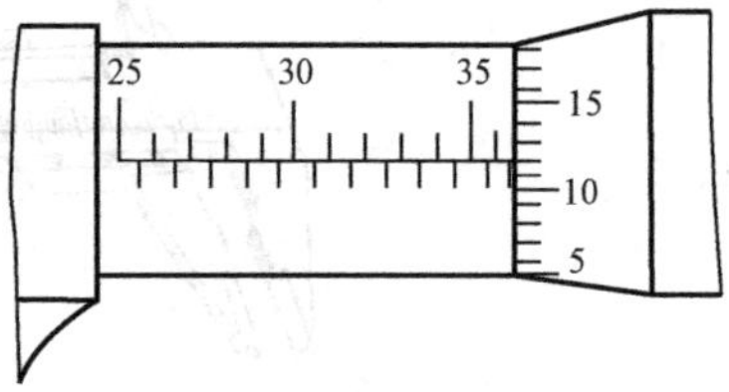

（b）25～50mm的千分尺

图 1-30　千分尺认读

二、技能训练

找出如图 1-31 所示的不同的圆钢棒料、管料和板料，用游标卡尺和千分尺进行测量。

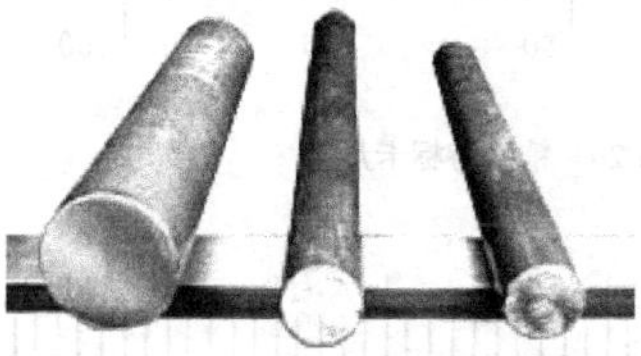

（a）圆钢棒料

（b）管料

（c）板料

图 1-31　测量不同的材料

三、项目评价评分表

1. 个人知识和技能评价表

班级：　　　　　　　　姓名：　　　　　　　　成绩：

评价方面	评价内容及要求	分值	自我评价	小组评价	教师评价	得分
项目知识内容	①了解各种钳工常用量具	10				
	②熟悉各种量具的结构	10				
	③掌握各种量具的读数原理	10				

续表

评价方面	评价内容及要求	分值	自我评价	小组评价	教师评价	得分
项目技能内容	①掌握各种量具的读数方法	10				
	②掌握钢直尺、游标卡尺、千分尺、百分表测量工件的操作方法	25				
	③学会各种量具的维护保养	15				
安全文明生产和职业素质培养	①安全、规范操作	10				
	②文明操作，不迟到早退，操作工位卫生良好，按时按要求完成实训任务	10				

2. 小组学习活动评价表

班级：　　　　　　小组编号：　　　　　　成绩：

评价项目	评价内容及评价分值			自评	互评	教师评分
	优秀（15～20分）	良好（12～15分）	继续努力（12分以下）			
分工合作	小组成员分工明确，任务分配合理	小组成员分工较明确，任务分配较合理	小组成员分工不明确，任务分配不合理			
实操技能操作	优秀（15～20分）	良好（12～15分）	继续努力（12分以下）			
	能按技能目标要求规范完成每项实操任务	基本完成每项实操任务	基本完成每项实操任务，但规范性不够			
基本知识分析讨论	优秀（15～20分）	良好（12～15分）	继续努力（12分以下）			
	概念准确，理解透彻，有自己的见解	讨论没有间断，各抒己见，思路基本清晰	讨论能够展开，分析有间断，思路不清晰，理解不透彻			
总分						

项目二　划线加工

划线是根据图样或实物的尺寸，用划线工具准确地在毛坯或工件表面上划出加工界限或划出作为基准的点、线的操作过程，如图 2-1 所示。划线是机械加工中的重要工序之一，广泛用于单件或小批量生产。

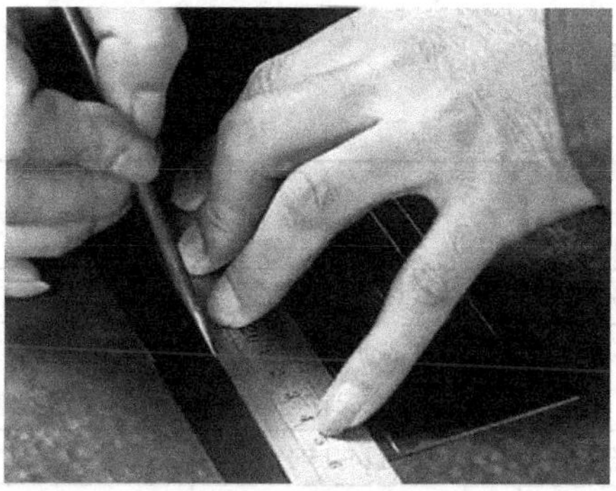

图 2-1　划线操作

项目学习目标

学习内容		学习方式
知识目标	①熟悉划线的准备工作 ②熟悉划线的操作分类 ③掌握划线基准的选择	教师讲授、启发、引导、互动式教学
技能目标	①认识各种常用的划线工具 ②掌握各种划线工具的使用方法 ③了解立体划线的操作方法 ④能完成圆钢棒料的划线工作	教师演示，学生实训，教师巡回指导
情感目标	激发学生对钳工技术的兴趣，培养胆大心细的素养和团队合作意识	小组讨论，取长补短，相互协作

项目学习内容

活动一　划线工具的认知与使用

一、划线工具

常用的划线工具有划线平板、划针、划规、划线盘、方箱、样冲等，见表 2-1。

表 2-1 常用的划线工具

工具名称	图示	作用说明
划线平板	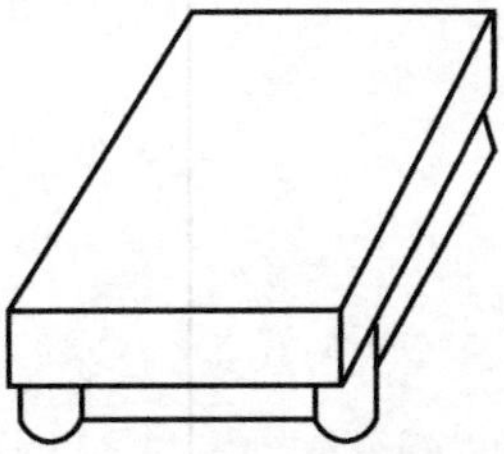	划线平板又称划线平台，是由铸铁毛坯经精刨或刮削制成的

划针	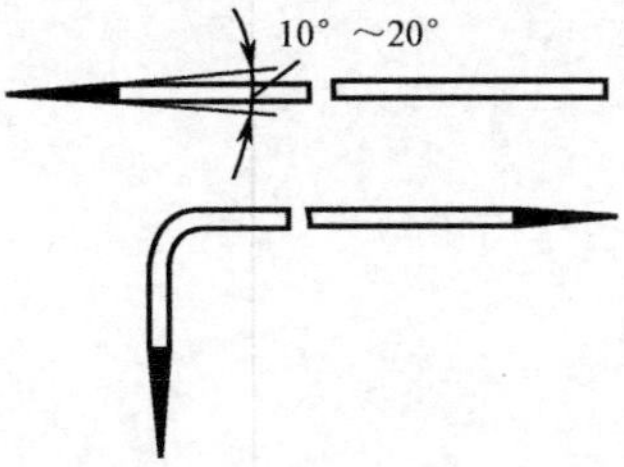	用弹簧钢丝或高速钢制成，尖部磨成 15° ～20°

划规 普通划规	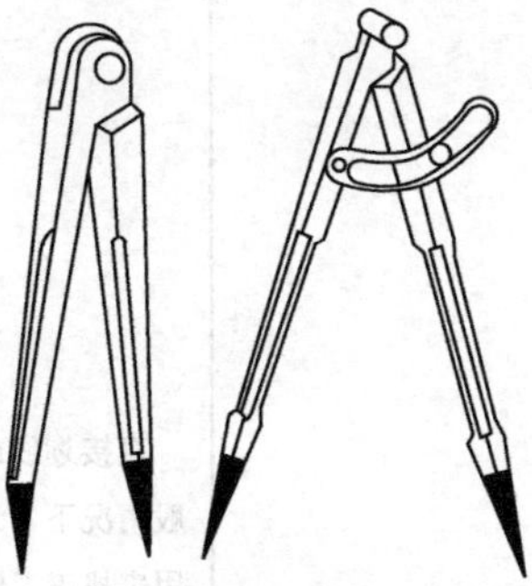	结构简单，制造方便。铆合处紧松要适当，两脚长短要一致。如在普通划规上装上锁紧装置，当拧紧锁紧螺钉时，可保持已调节好的尺寸不会改变
	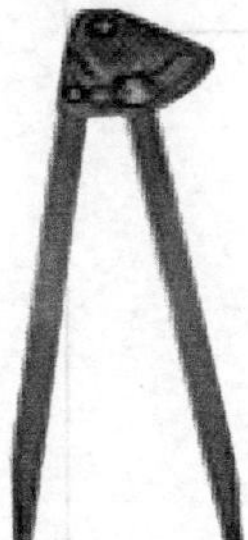	

续表

工具名称		图　示	作用说明
划规	弹簧划规	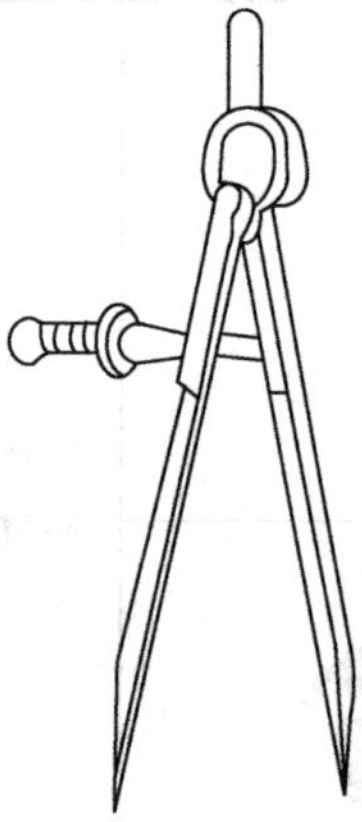	旋转调节螺母可调节尺寸，适用于在光滑面上划线

划线盘	调节式	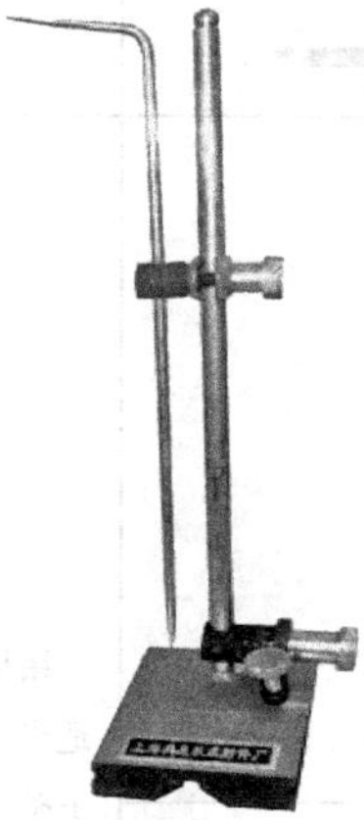	直接划线或找正工件位置的工具。一般情况下，划针的直头用来划线，弯头用来找正工件
	普通		

续表

工具名称	图示	作用说明
90°角尺	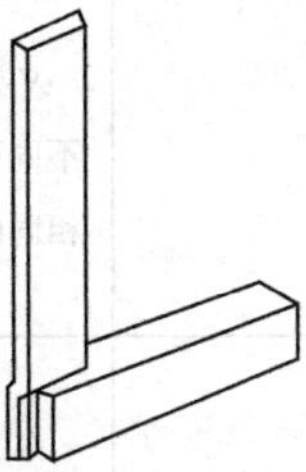 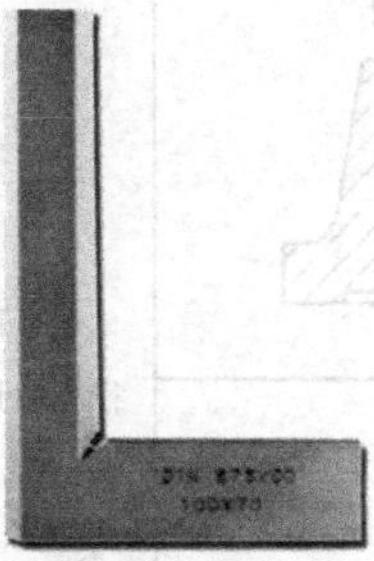	可作为划平行线、垂直线的导向工具，还可用来找正工件在划线平板上的垂直位置，并可检验工件两平面的垂直度或单个平面的平面度
划线锤	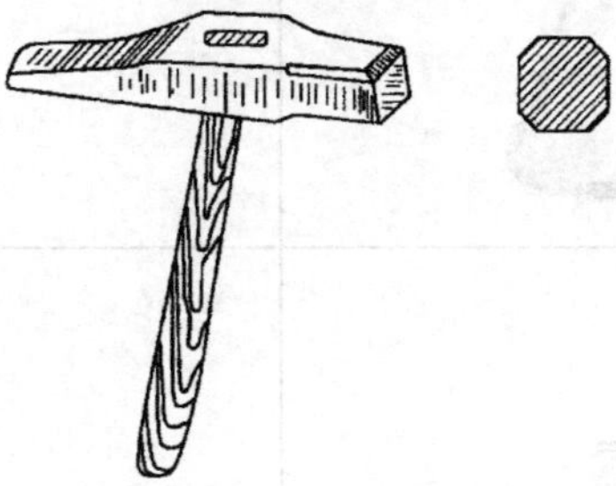 	线划锤用来在线条上打样冲眼，并在划线时用来调整划线盘划针的升降
样冲	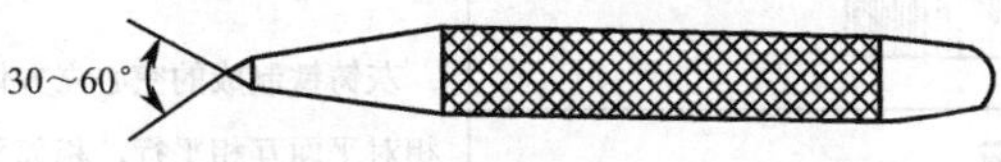 	样冲用工具钢制成，淬火后磨尖，夹角一般为 30°～60°
V 形块	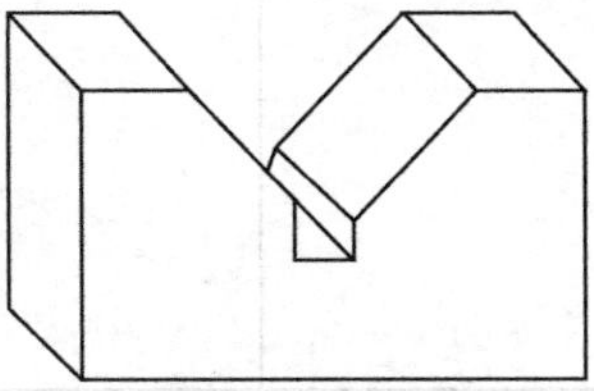	V 形块一般用铸铁制成。为避免因尺寸不同引起误差，V 形块应成对加工，制成相同的尺寸

续表

工具名称	图　示	作 用 说 明
V 形块		V 形块一般用铸铁制成。为避免因尺寸不同引起误差，V 形块应成对加工，制成相同的尺寸
千斤顶	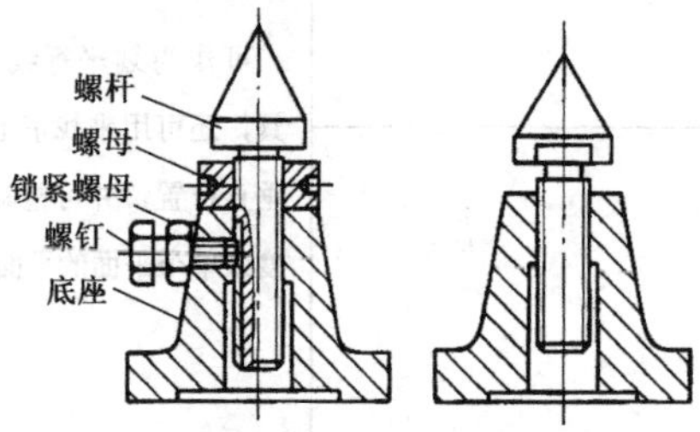 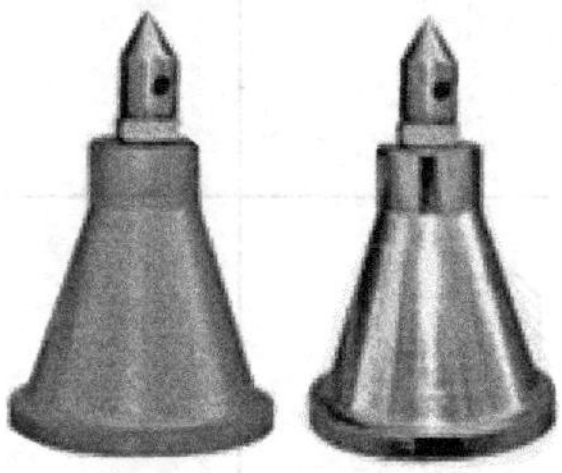	千斤顶用来支承毛坯或对不规则工件进行立体划线时使用，其高度可调整
方箱	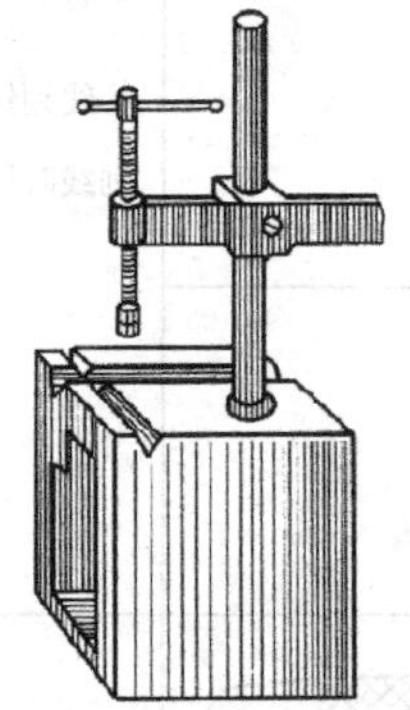 	灰铸铁制成的空心立方体或长方体，其相对平面互相平行，相邻平面互相垂直

二、划线工具的使用

在划线工作中，为了保证既准确又迅速，必须熟悉并掌握各种划线工具及显示涂料的使用。

1. 划针的使用

划针的长度为 200～300mm，直径为 3～6mm。划线时，划针尖端要紧贴导向工具移动，上部向外侧倾斜 15°～20°，向划线方向倾斜 45°～75°，如图 2-2 所示。

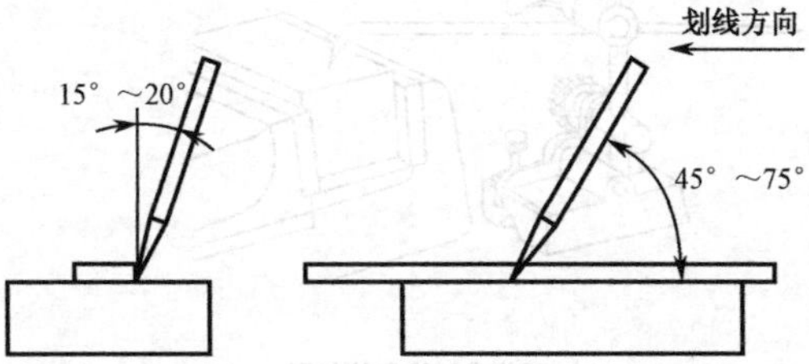

图 2-2 划针的使用

提示

划针的针尖要用油石修磨并淬火，如图 2-3 所示，以保持针尖锋利。同时，划针表面要用棉纱擦干净。

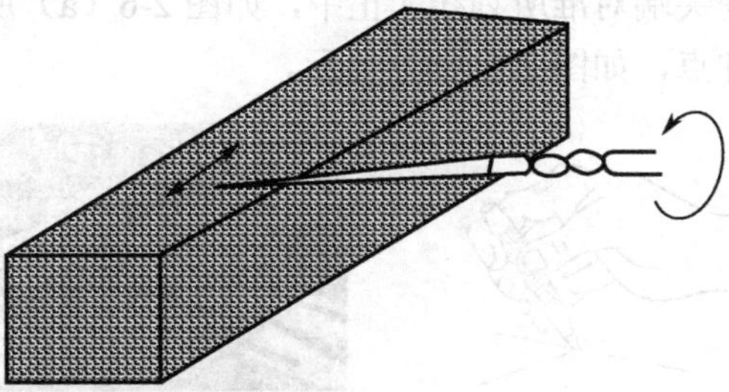

图 2-3 修磨划针

2. 划规的使用

划规在划线中主要用来划圆和圆弧、等分线段、角度及量取尺寸等，如图 2-4 所示。

3. 划线盘的使用

普通划线盘用于对工件进行划线，如图 2-5（a）所示；调节式划线盘用于工件的找正，如图 2-5（b）所示。

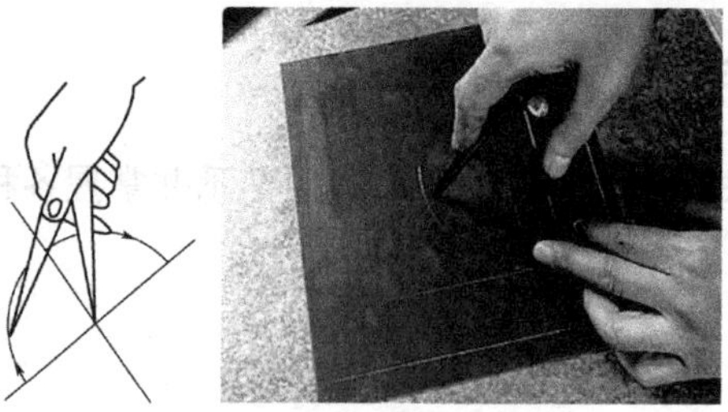

图 2-4 划规的使用

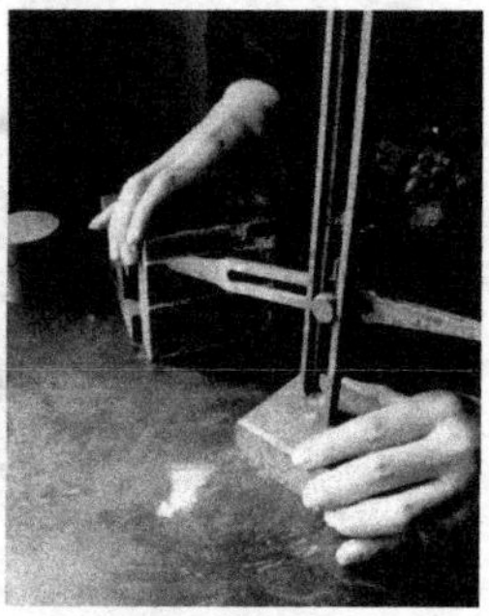

（a）普通划线盘的使用

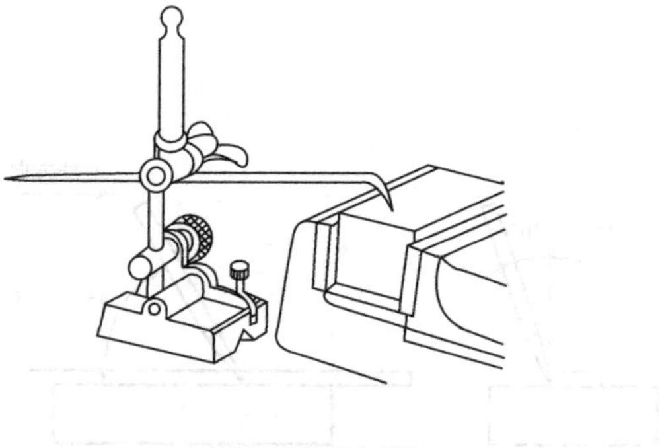

（b）调节式划线盘的使用

图 2-5 划线盘的使用

4. 样冲的使用

样冲用于在工件所划加工线条上打样冲眼（冲点），作为强界限标志和圆弧或钻孔时的定心中心。

（1）打样冲眼的方法

① 先将样冲外倾，使尖端对准所划线的正中，如图 2-6（a）所示。

② 立直样冲，开始冲点，如图 2-6（b）所示。

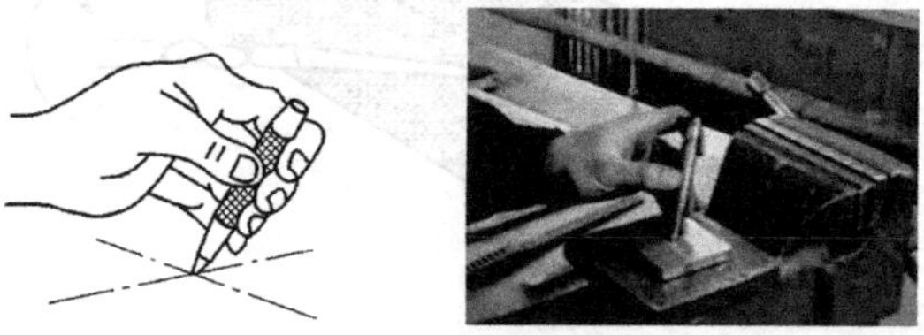

（a）样冲外倾

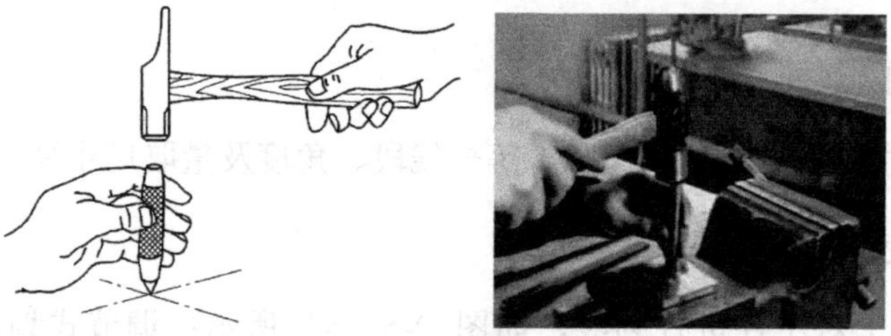

（b）立直冲点

图 2-6 样冲的使用方法

（2）冲点的要求

① 样冲眼位置要正确，不可偏离线条，如图 2-7 所示。

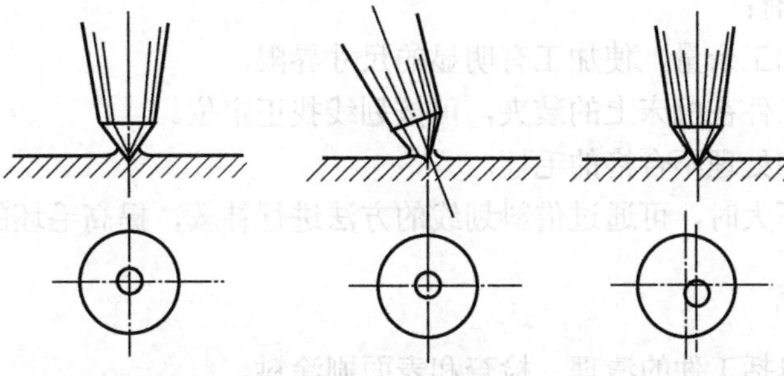

图 2-7 样冲眼

② 曲线上的样冲眼的间距要小些，如直径小于 20mm 的圆周上应有 4 个样冲眼，而直径大于 20mm 的圆周上应有 8 个以上的样冲眼。

③ 在直线上冲点时，间距可大些，但短直线至少要有三个样冲眼。

④ 在线条的交叉转折处必须要有样冲眼。

⑤ 样冲眼的深浅要适当，薄壁上或光滑表面上冲点要浅一些，粗糙表面上冲点要深一些。

活动二 划线准备与基准选择

一、划线前的准备

为了使工件上划出的线条清晰易见，在划线表面上先要涂上一层薄而均匀的涂料，如图 2-8 所示。

图 2-8 划线前在工件上涂涂料

提示

涂料的种类很多，常用的有白灰水和蓝油（俗称“龙胆素”）。白灰水可用于毛坯表面，蓝油可用于已加工表面。

1. 划线的作用

划线的作用主要有：

① 确定工件的加工余量，使加工有明显的尺寸界限。

② 为便于复杂工件在机床上的装夹，可按划线找正定位。

③ 能及时发现和处理不合格的毛坯。

④ 当毛坯误差不大时，可通过借料划线的方法进行补救，提高毛坯的应用合格率。

2. 划线操作要点

① 工件准备：包括工件的清理、检查和表面刷涂料。

② 工具准备：按工件图样要求，选择所需工具，并检查和校验工具。

提示

由于划线的线条有一定的宽度，所以一般要求划线精度达到0.25～0.5mm。

3. 操作注意事项

① 要看懂图样，了解零件的作用，分析零件的加工顺序和加工方法。

② 工件夹持或支承应稳妥，防止滑倒或位移。

③ 在一次支承中应将要划出的平行线划全，以免再次支承补划，造成误差。

④ 正确使用划线工具，划出的线条要准确、清晰。

⑤ 划线完成后，要反复核查尺寸、位置是否正确。

二、划线的分类

划线操作有平面划线、立体划线和综合划线三种。

1. 平面划线

只需要在工件的一个表面上划线即能明确表明加工界限，称为平面划线。平面划线是能明确反映出工件的加工尺寸界限的划线方式，通常用于薄板料与回转体零件端面的划线，如图2-9所示。

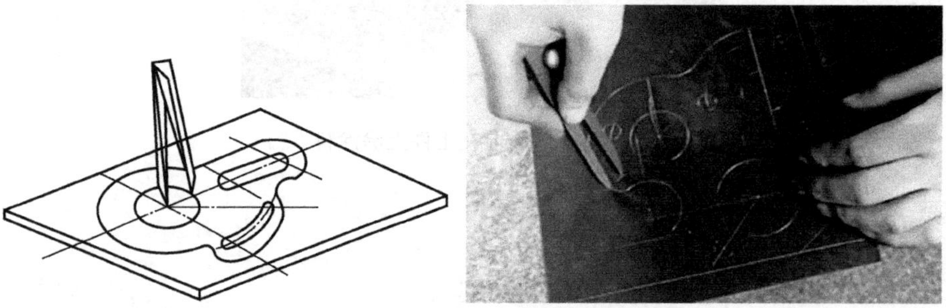

图2-9　平面划线

2．立体划线

需要在工件的几个不同角度的表面上（通常是工件长、宽、高方向上）都划线以明确表示加工界限的过程，称为立体划线，如图 2-10 所示。

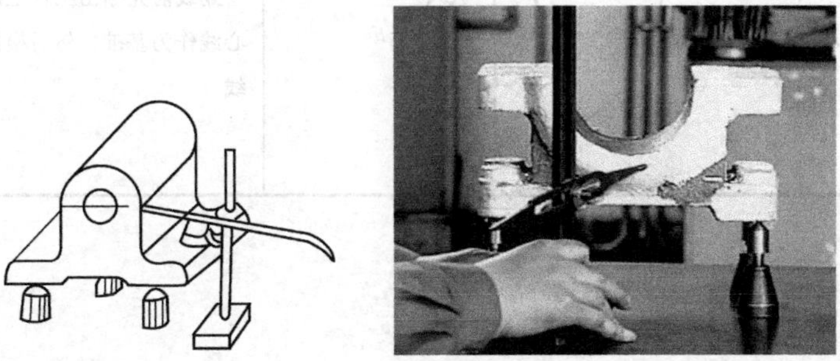

图 2-10 立体划线

3．综合划线

综合划线就是既有平面划线又有立体划线的划线方式。

三、划线基准的选择

在划线时选择工件上的某个点、线、面作为依据，用它来确定工件的各部分尺寸、几何形状及工件上各要素的相对位置，此依据称为划线基准。在零件图样上，用来确定其他点、线、面位置的基准，称为设计基准。

划线应从划线基准开始。选择划线基准的基本原则是应尽可能使划线基准和设计基准重合。这样能够直接量取划线尺寸，简化尺寸换算过程。

划线基准一般根据三种类型选择，见表 2-2。

表 2-2 划线基准

基准类型	示例	说明
以两个互相垂直的平面（或直线）为基准	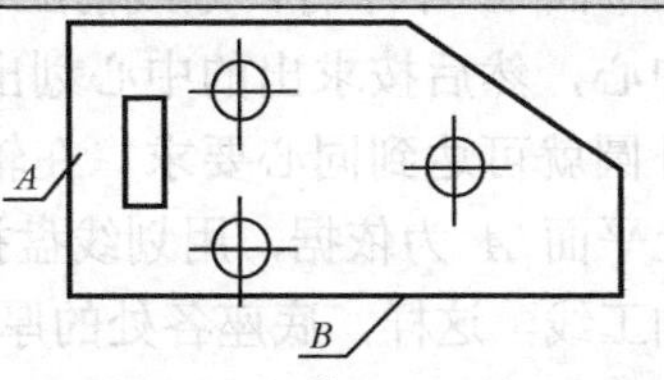	划线前先把工件加工成两个互相垂直的边或平面，划线时每一方向的尺寸以它们的边或面作为基准，划其余各线
以两条互相垂直的中心线为基准	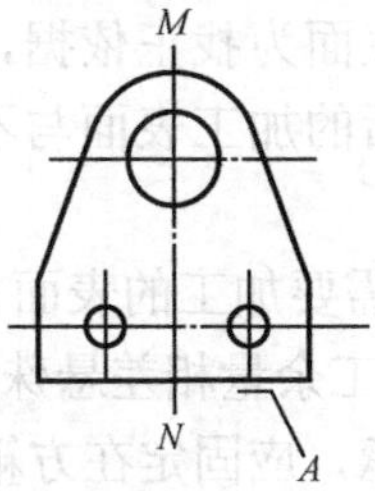	划线前按工件已加工的边（或面）划出中心线作为基准，然后根据基准划出其余各线

续表

基准类型	示　例	说　明
以相互垂直的一个平面和一条中心线为基准	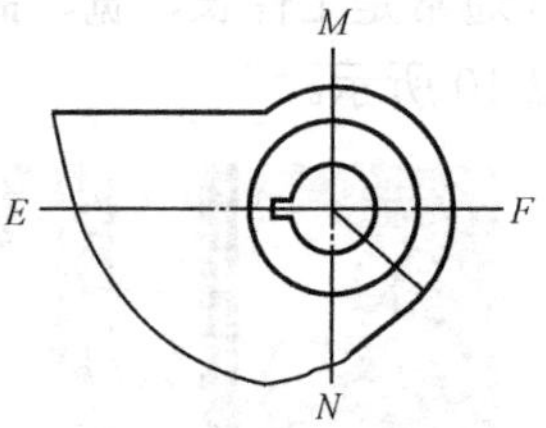	划线前先划出工件上两条互相垂直的中心线作为基准，然后根据基准划出其余各线

提示

划线时，在工件各个面上都需要选择一个划线基准。其中，平面划线一般选择 2 个划线基准，立体划线一般选择 3 个划线基准。

四、划线时的找正和借料

立体划线在很多情况下是对铸、锻件毛坯进行划线。各种铸、锻件毛坯由于种种原因，会形成歪斜、偏心、各部分壁厚不均匀等缺陷。当形位误差不大时，可通过划线找正和借料的方法补救。

1. 找正

找正就是利用划线工具，通过调节支撑工具，使工件有关的毛坯表面都处于合适的位置。

找正时应注意以下几点。

① 毛坯上有不加工的表面时，应按不加工表面找正后再划线，这样可以使加工表面和不加工表面之间保持尺寸均匀。

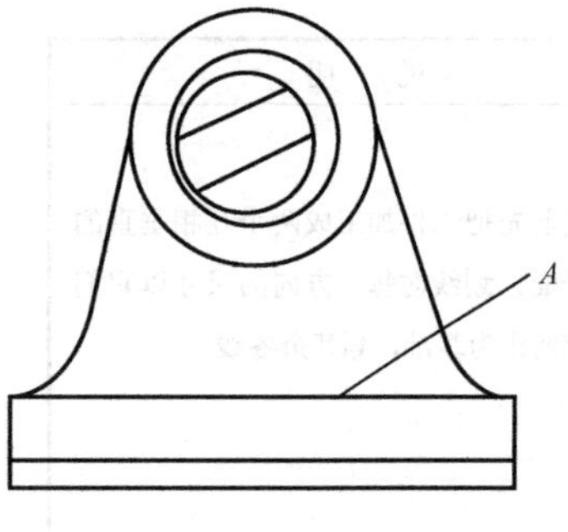

图 2-11　毛坯件的找正

如图 2-11 所示的轴承毛坯，其内孔和外圆不同心，底面和上平面 *A* 不平行，划线前应以外圆为依据，用划规划出其中心，然后按求出的中心划出内孔的加工线，这样内孔与外圆就可达到同心要求。在轴承座底面划线前，同样应以上平面 *A* 为依据，用划线盘找正水平位置，然后划出底面加工线，这样，底座各处的厚度就较为均匀了。

② 工件上有两个以上不加工表面时，应选重要的或较大的不加工表面为找正依据，并兼顾其他不加工表面，这样可使划线后的加工表面与不加工表面的尺寸较为均匀，而使误差集中到次要或不明显的位置。

③ 工件上没有不加工表面时，可对各个需要加工的表面自身位置找正后再划线。这样可以使各个加工表面的加工余量均匀，避免加工余量相差悬殊。

④ 对体积小的工件，不宜采用千斤顶支承，应固定在方箱或夹具上进行划线。

⑤ 对找正中容易出现倾倒、位移等不安全现象的工件，应准备相应的辅助夹具，采取

可靠的措施，如采用吊链、垫木等增强保护作用。

⑥ 选择第一划线位置时，应以工件加工部位的主要中心线和重要加工线都平行或垂直于划线平台的基准为依据，以便找正。

2. 借料

当毛坯尺寸、形状位置上的误差和缺陷难以用划线的方法补救时，就需要用借料的方法来解决。

借料就是通过试划线和调整，使各加工表面余量互相借用，合理分配，从而保证各加工表面都有足够的加工余量，使误差和缺陷在加工后被排除。借料划线时，应首先测量出毛坯的误差程度，确定借料的方向和大小，然后从基准开始逐一划线。若发现某一加工面的余量不足，则应再借料，重新划线，直至各加工表面都有允许的最小加工余量。但是如果毛坯误差超出许可范围，就不能利用借料来补救了。例如，轴类工件借料时，应借调中心孔或外圆夹紧定位部位，使两端外圆都有一定的余量。套类工件借料时，应借调内孔和外圆的加工余量，使缺陷或误差得到调配。箱体类工件借料时，应以内孔的中心线调配中心距（两孔中心距或孔对平面中心距），保证加工余量和装配要求。

划线时的找正和借料这两项工作是密切结合的，只有两者兼顾，才能做好划线工作。

活动三 划线的基本操作

一、划直线

1. 用划针划直线

（1）用钢直尺划直线

在平板上划线时，选好位置后，用左手紧紧压住钢直尺，右手划线，如图 2-12 所示。

（2）用 90° 角尺划直线

选好位置，安放 90° 角尺，使角尺边紧紧靠住基准面，左手紧压角尺，右手握划针从下向上划线，如图 2-13 所示。

图 2-12 用钢直尺划直线

图 2-13 用 90° 角尺划直线

2. 用划线盘划直线

操作方法见表 2-3。

表 2-3 用划线盘划直线的方法

步　骤	操作说明	图　示
确定尺寸	用钢直尺量取划线尺寸	
调高度	松开划线盘蝶形螺母，使划针针尖稍向下大致接触到钢直尺所量取的刻度，用左手紧按住划针底座，同时用手锤轻轻敲打划针针尖处，微调尺寸，使针尖刚好接触到钢直尺刻度，然后紧固蝶形螺母	
划线	左手（或右手）握住划针盘底座，右手（或左手）握住工件以防工件产生移动（当工件较薄或刚性较差时，可用 V 形块安放工件，并保持划线表面与工作台台面垂直），使划针向划线方向倾斜 15° 左右，并使针尖对准工件划线表面，按划线方向移动划针盘，划出所需位置线条	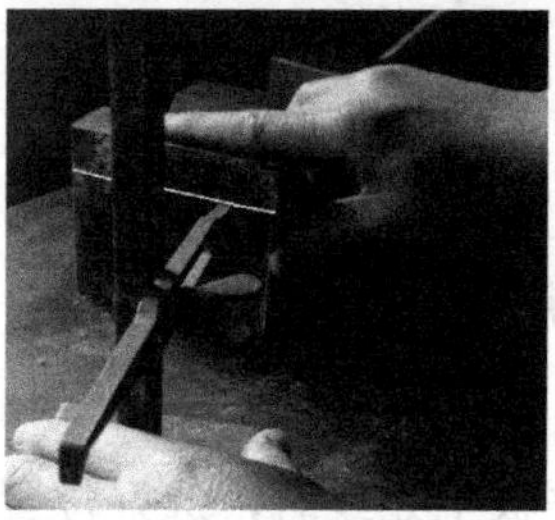

3. 用高度尺划直线

操作方法如下。

① 根据要求，调节高度尺刻线位置，如图 2-14 所示。

提示

在调节高度时，应轻推游标使其刻度略大于被测尺寸，拧紧微调装置的紧固螺母，旋动微动螺母，使刻度对准所需尺寸位置。

② 将工件垂直放在划线平台上。

③ 将高度尺放在平台上，使划线爪接触工件，沿平台移动，划出直线，如图 2-15 所示。

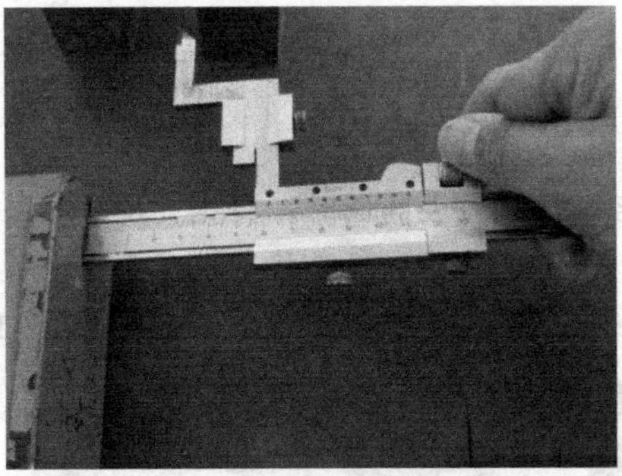

图 2-14 调节高度尺刻线位置

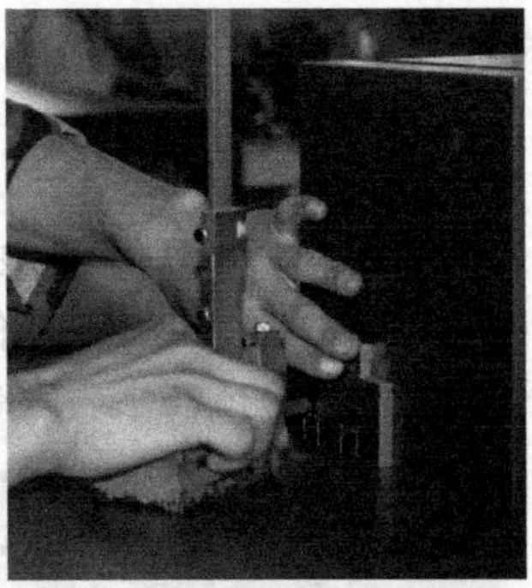

图 2-15 划直线

二、划圆

划圆的操作方法如下。

① 用划针盘在工件上按图样位置要求划出两条交叉线，其交点就是要划圆的圆心，如图 2-16 所示。

② 在找到的圆心处打样冲眼，如图 2-17 所示。

图 2-16 划交叉线

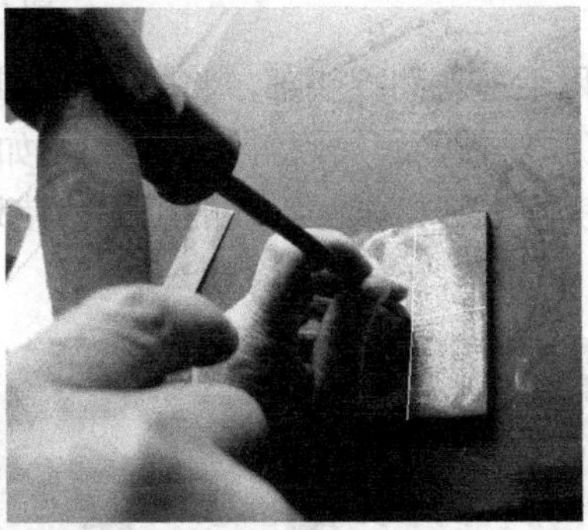

图 2-17 打样冲眼

③ 用划规对准钢直尺，调整划规尺寸，如图 2-18 所示。

图 2-18 调整划规尺寸

提示

划规所量取的尺寸值应为所要划圆的半径值。划较大的圆时，将钢直尺放在工作台台面上，两手张开划规，再将划规脚对准钢直尺，调整尺寸（一般先将划规张开至比所需尺寸稍大些，微调时，可用手锤轻轻敲打划规脚，使其慢慢与钢直尺刻度对齐），如图 2-19 所示。

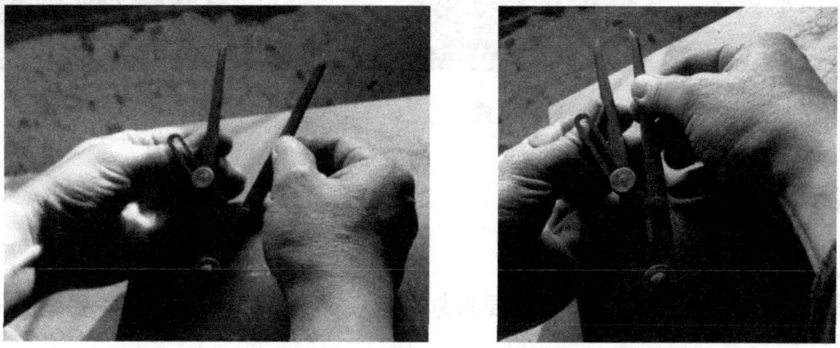

（a）打开　　（b）合拢

图 2-19　调整划规

④ 用手握住划规头部，将划规一只脚对准样冲眼，从左至右，大拇指用力，同时向走线方向（顺时针）稍加倾斜划上半圆，如图 2-20 所示。

⑤ 变换大拇指接触划规的位置，使划规从另一个方向（逆时针）划下半圆，如图 2-21 所示。

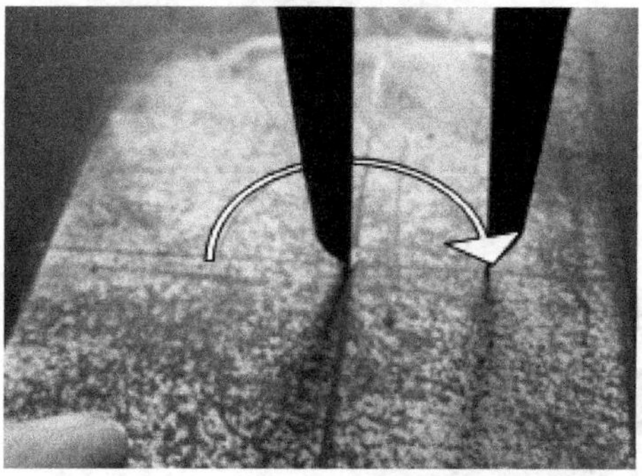

图 2-20　划上半圆

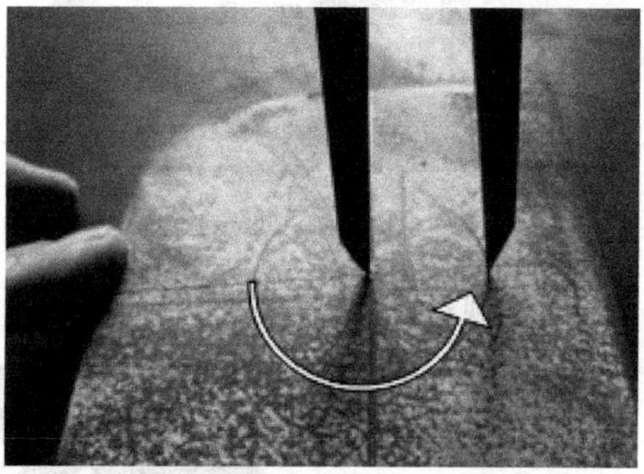

图 2-21　划下半圆

提示

任何工件在划线后都必须进行仔细的复查、校对工作，以避免差错。另外，还应当注意的是工件的加工精度（尺寸、形状精度）不能完全由划线确定，而应该在加工过程中通过测量来保证。

活动四 在圆钢棒料上划线

圆钢棒料的划线图样如图 2-22 所示。

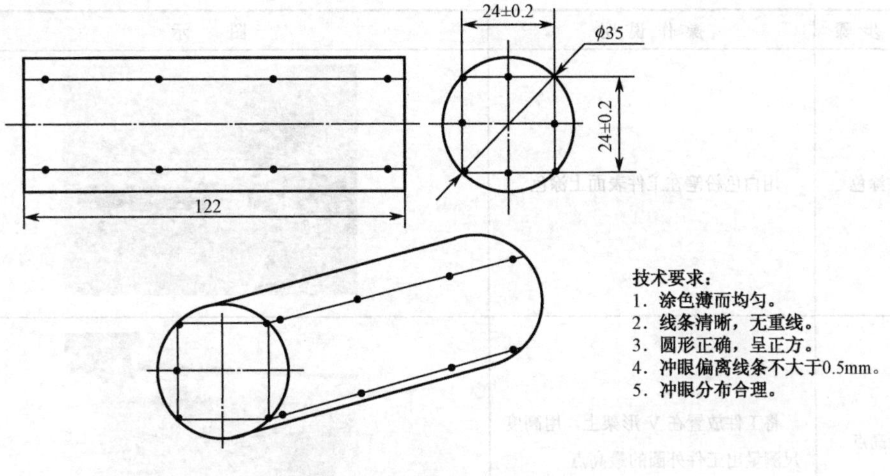
24±0.2
ϕ35
24±0.2
122
技术要求：
1．涂色薄而均匀。
2．线条清晰，无重线。
3．圆形正确，呈正方。
4．冲眼偏离线条不大于0.5mm。
5．冲眼分布合理。

图 2-22 圆钢棒料的划线图样

一、图样分析

工件毛坯为 45 圆钢棒料，外形尺寸为ϕ35mm×122mm，要在工件两端面与外圆上按图样要求划出所有线条，在图中标有黑点处打上样冲眼，并达到各项技术要求。

二、材料与工量具准备

1．材料

材料为ϕ35mm×122mm 的 45 圆钢棒料。

2．工量具

工量具包括钢直尺、划针、样冲、手锤、V 形架、平板、高度尺、90° 角尺，如图 2-23 所示。

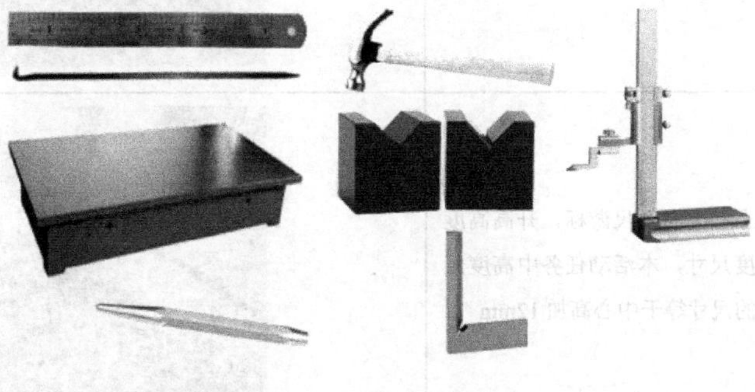

图 2-23 划线工量具准备

三、划线操作

圆钢棒料的划线操作见表 2-4。

表 2-4 圆钢棒料的划线操作

加工步骤	操作说明	图示
工件涂色	用白色粉笔在工件表面上涂色	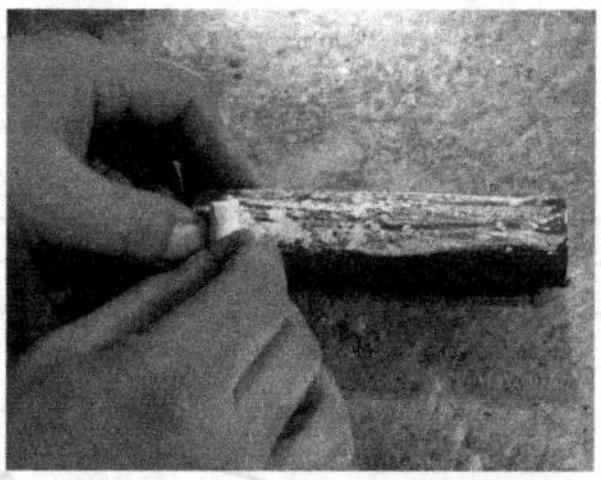
找最高点	将工件放置在 V 形架上，用高度尺测量出工件外圆的最高点	
向下调整高度	向下移动高度尺游标，调整高度尺高度，高度尺向下移动的刻度等于最高点尺寸减去工件的半径	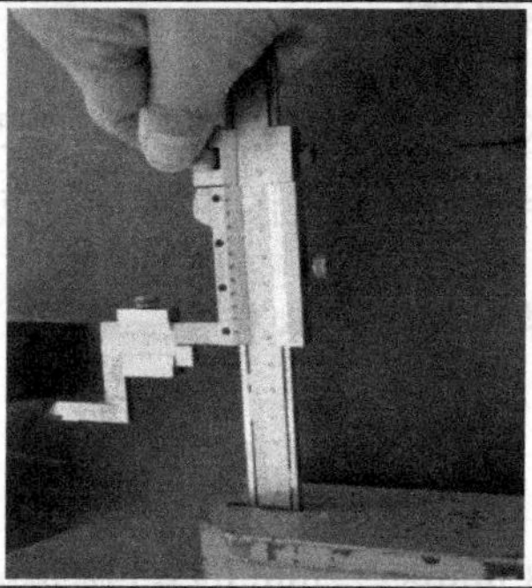
划中心线	用一只手压住工件，另一只手推动高度尺，利用划线爪在工件两端划出水平的中心线	
向上调整高度	向上移动高度尺游标，升高高度尺刻度尺寸，本活动任务中高度尺升高的尺寸等于中心高加 12mm	

续表

加工步骤	操作说明	图示
划上四周线	在工件两端和外圆上划出四周线条	 
找正	将工件翻转 180°，再次将高度尺刻度调至工件中心高位置，用高度尺划线爪找正工件水平位置	
划下四周线	再次向上移动高度尺游标，升高高度尺刻度尺寸，在工件两端和外圆上划出四周线条	
转动 90°后找正	将工件转动 90°后，用 90°角尺找正已划出的中心线，并使之与平板垂直	
划四周线	按上述方法划出全部四周线条	

续表

加工步骤	操作说明	图示
找样冲眼	在所有线条上按要求找样冲眼	

提示

在翻转 180°（和 90°）找正工件水平（和垂直）位置时，如若有倾斜，则可略微转动工件，直至高度尺划线爪位置能与已划水平中心重合（和平板垂直）。

项目评价

一、思考题

1. 什么是划线？划线分几类？划线的主要作用有哪些？
2. 划线的基本要求是什么？
3. 什么是找正？为什么要找正？
4. 划线时如何找正和借料？
5. 怎样划直线？
6. 怎样划圆？划圆时划规所量取的尺寸值应是什么？
7. 简述样冲的使用方法。

二、技能训练

根据图 2-24 所示的作业图写出划线步骤并在铁板上练习划线。

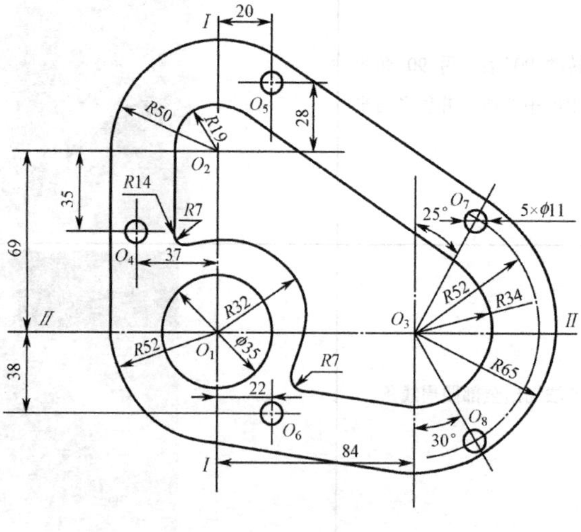

图 2-24　平面划线作业图

三、项目评价评分表

1. 个人知识和技能评价表

班级： 姓名： 成绩：

评价方面	评价内容及要求	分值	自我评价	小组评价	教师评价	得分
项目知识内容	①熟悉划线的准备工作	10				
	②熟悉划线的操作分类	10				
	③掌握划线基准的选择	10				
项目技能内容	①认识各种常用的划线工具	10				
	②掌握各种划线工具的使用方法	10				
	③了解立体划线的操作方法	10				
	④能完成圆钢棒料的划线工作	20				
安全文明生产和职业素质培养	①安全、规范操作	10				
	②文明操作，不迟到早退，操作工位卫生良好，按时按要求完成实训任务	10				

2. 小组学习活动评价表

班级： 小组编号： 成绩：

评价项目	评价内容及评价分值			自评	互评	教师评分
分工合作	优秀（15～20 分）	良好（12～15 分）	继续努力（12 分以下）			
	小组成员分工明确，任务分配合理	小组成员分工较明确，任务分配较合理	小组成员分工不明确，任务分配不合理			
实操技能操作	优秀（15～20 分）	良好（12～15 分）	继续努力（12 分以下）			
	能按技能目标要求规范完成每项实操任务	基本完成每项实操任务	基本完成每项实操任务，但规范性不够			
基本知识分析讨论	优秀（15～20 分）	良好（12～15 分）	继续努力（12 分以下）			
	概念准确，理解透彻，有自己的见解	讨论没有间断，各抒己见，思路基本清晰	讨论能够展开，分析有间断，思路不清晰，理解不透彻			
总分						

项目三 錾削加工

錾削是用锤子打击錾子对金属工件进行切削加工的方法，是钳工较为重要的基本加工方法，如图 3-1 所示。目前錾削主要用于不便于机械加工的场合，如去除毛坯上的凸缘、毛刺，分割材料，錾削平面及沟槽等。

图 3-1 錾削

项目学习目标

学习内容		学习方式
知识目标	①认识常见的錾削工具 ②掌握錾子的用途 ③了解錾子的热处理方法	①实训（观摩）+理论 ②教师讲授、启发、引导、互动式教学
技能目标	①掌握錾子的刃磨方法 ②掌握錾削工具的使用方法 ③能完成圆钢棒料的錾削工作	教师演示，学生实训，教师巡回指导
情感目标	激发学生对钳工技术的兴趣，培养胆大心细的素养和团队合作意识	小组讨论，取长补短，相互协作

项目学习内容

活动一 錾削工具的认知

錾削时主要的工具是錾子和手锤。

一、錾子

錾子一般用优质碳素工具钢锻成，并经过刃磨和热处理，硬度可达 56～63HRC。

1. 錾子的结构

錾子由头部、切削部分和柄部组成，如图 3-2 所示。头部是手锤的打击部分，有一定的锥度，顶部略呈球形，且棱边倒角，如图 3-3（a）所示。柄部是手握部分。

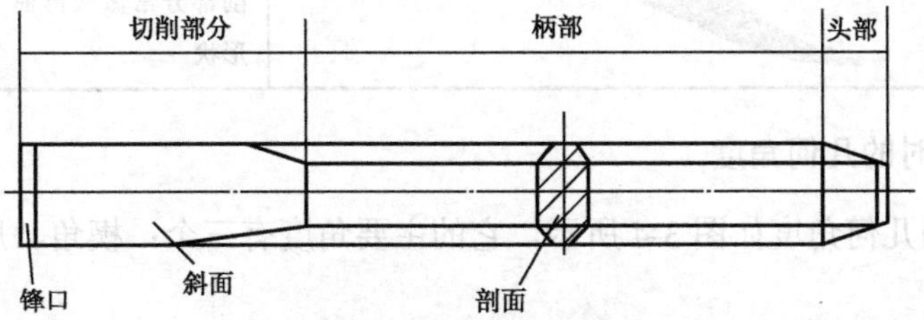

图 3-2 錾子的结构

錾子头部如果是平的，如图 3-3（b）所示，则锤击时与手锤的接触不稳，难以控制錾切方向。錾子头部经锤子不断敲击后，就易形成毛刺，如图 3-3（c）所示，必须立即磨去，以免碎裂时飞溅伤人。

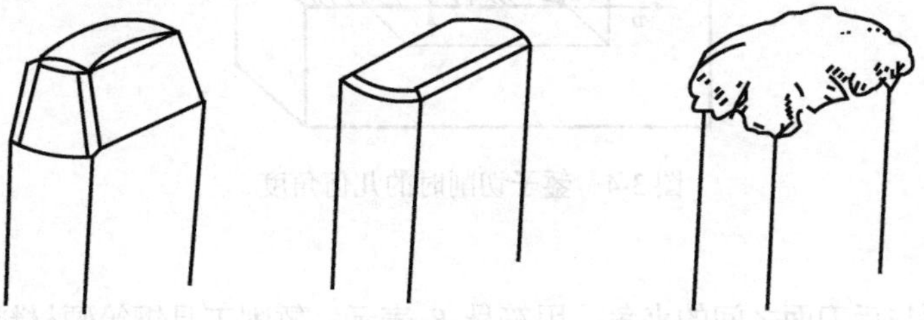

图 3-3 錾子头部的形状

2. 錾子的种类与用途

根据錾子锋口的不同，錾子可分为扁錾、尖錾、油槽錾三种。其结构特点和用途见表 3-1。

表 3-1 錾子的结构特点与用途

錾子的种类	图 示	结构特点	用途说明
扁錾		切削部分扁平，切削刃略带圆弧	用于去除凸缘、毛边和分割材料
尖錾	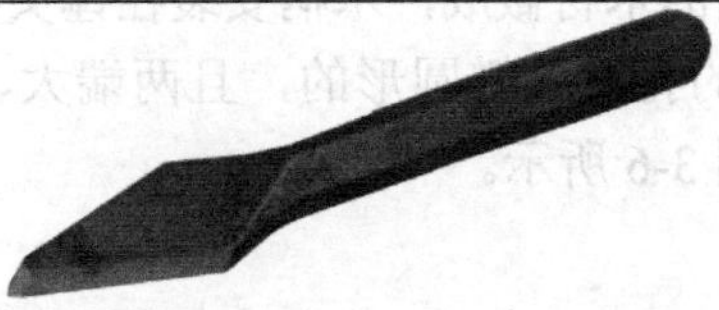	切削刃较强，切削部分的两个侧面从切削刃起向柄部逐渐变狭	用于錾槽和分割曲线板料

续表

錾子的种类	图　　示	结 构 特 点	用 途 说 明
油槽錾	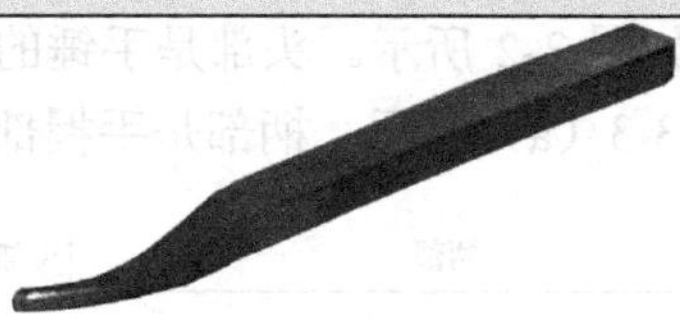	切削刃强，并呈圆弧形或菱形，切削部分常做成弯曲形状	用于錾削润滑油槽

3. 錾子切削时的几何角度

錾子切削时的几何角度如图 3-4 所示。它的主要角度有三个：楔角、后角和前角。

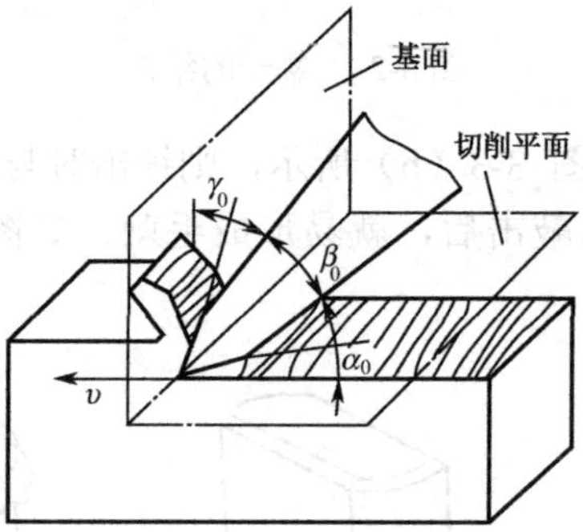

图 3-4　錾子切削时的几何角度

（1）楔角

楔角是前刀面与后刀面之间的夹角，用符号 β_0 表示。錾削工具钢等硬材料时，β_0 取 60°～70°；錾削中等硬度材料时，β_0 取 50°～60°；錾削铜、铝、锡等软材料时，β_0 取 30°～45°。

（2）后角

后角是后刀面与切削平面之间的夹角，用符号 α_0 表示。其大小由錾子被手握的位置决定，一般取 5°～8°。后角太大会使切入太深，太小又会使錾子容易滑出而无法錾削。

（3）前角

前角是前刀面与基面之间的夹角，用符号 γ_0 表示。其作用是减少錾削时切屑变形并使錾削轻快省力。前角可由下式计算：

$$\gamma_0=90^\circ-(\beta_0+\alpha_0)$$

二、手锤

錾削是利用手锤的打击力使錾子切入工件的，手锤是錾削工作中重要的工具，也是钳工装拆零件时的重要工具，其规格用锤体质量来划分，有 0.25kg、0.5kg 和 1kg 多种，如图 3-5 所示。

手锤用 T7 钢制成，锤柄由比较坚固的木材做成，木柄安装在锤头孔中必须牢固可靠，要防止锤头脱落造成事故，为此装锤柄的孔做成椭圆形的，且两端大、中间小，木柄敲紧后，端部再打入楔子就不易松动了，如图 3-6 所示。

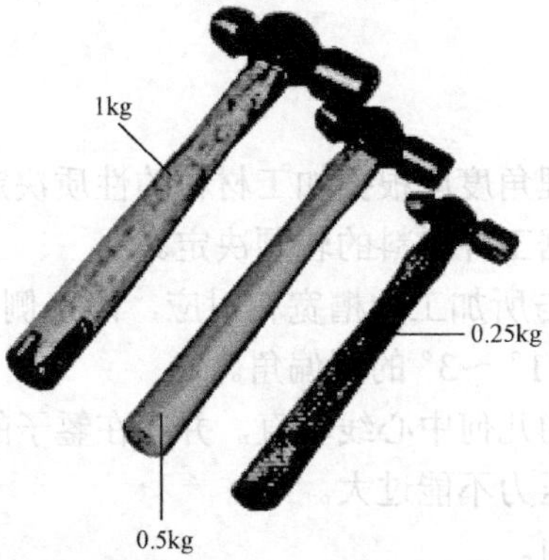

图 3-5 手锤

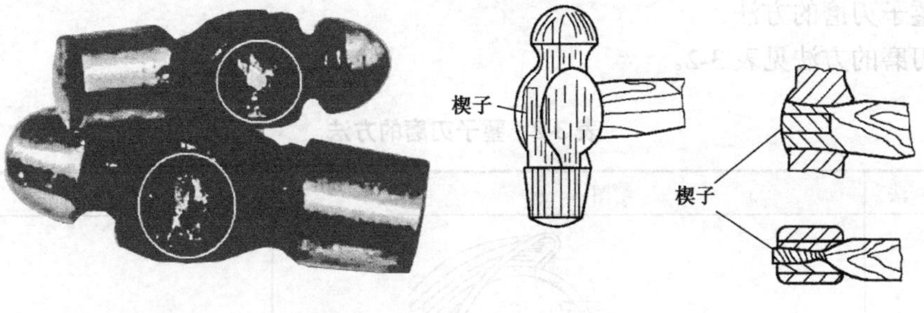

图 3-6 手锤柄端部打入楔子

活动二 錾子的刃磨与热处理

一、錾子的刃磨

錾子用钝后，应用砂轮磨锐。

1. 砂轮的选用

刃磨錾子的砂轮大多采用平行砂轮，一般为氧化铝砂轮，如图 3-7 所示。氧化铝砂轮又称刚玉砂轮，多呈白色，其磨粒韧性好，比较锋利，硬度较低，自锐性好。

图 3-7 氧化铝平行砂轮

2. 錾子的刃磨方法

（1）錾子的刃磨要求

① 錾子的几何形状和合理角度应根据加工材料的性质决定。

② 錾子楔角的大小应根据工件材料的软硬决定。

③ 尖錾的切削刃长度应与所加工的槽宽相对应，两个侧面间的宽度从切削刃起向顶部逐渐变窄，使得在錾槽中形成1°～3°的副偏角。

④ 錾子切削刃要与錾子的几何中心线垂直，并应在錾子的对应平面上。

⑤ 刃磨时加在錾子上的压力不能过大。

⑥ 左右移动时要平稳均匀。

⑦ 刃磨时要及时蘸水冷却，以防退火。

（2）錾子刃磨的方法

錾子刃磨的方法见表3-2。

表3-2　錾子刃磨的方法

刃磨方法	图示	操作说明
磨斜面	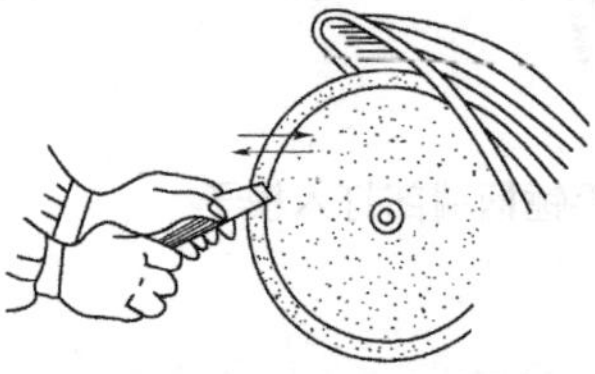 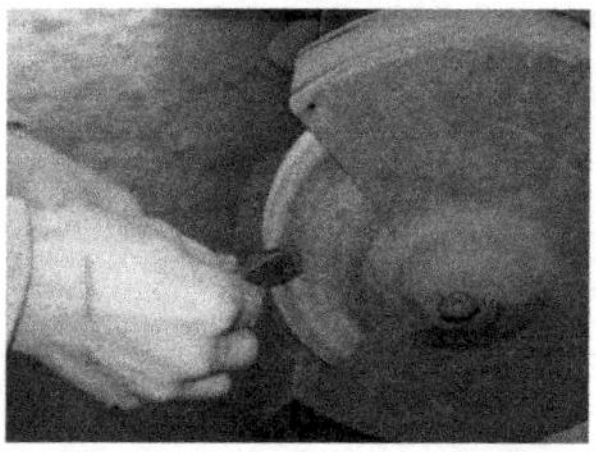	两手握住錾子，在砂轮轮缘全宽上作左右来回的移动，并控制錾子前后刃面的位置，磨出要求的斜面
磨刃口	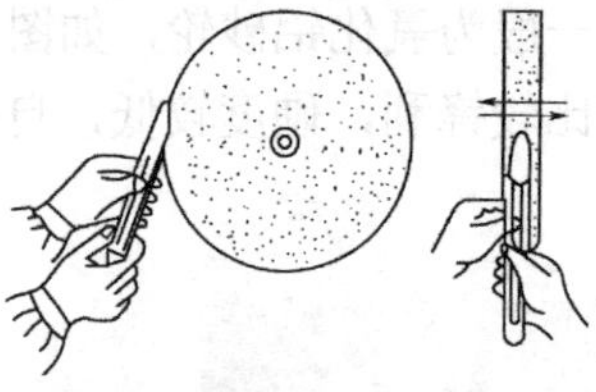 	两手握住錾子，在砂轮的外缘上刃磨刃口，两手要同时左右移动

提示

刃磨錾子时加在錾子上的压力不能过大，并应常用水冷却刃口，防止因过火而降低刃口硬度。

二、錾子的热处理

錾子的热处理包括淬火和回火两个步骤。

1．淬火

淬火的操作步骤如下。

① 将錾子切削部分长度约 20mm 加热至 760℃左右（即加热至錾子呈樱红色），如图 3-8 所示。

② 至要求后，用夹钳将錾子迅速垂直浸入水中 4～6mm 进行冷却，同时将夹钳左右微微移动，如图 3-9 所示。

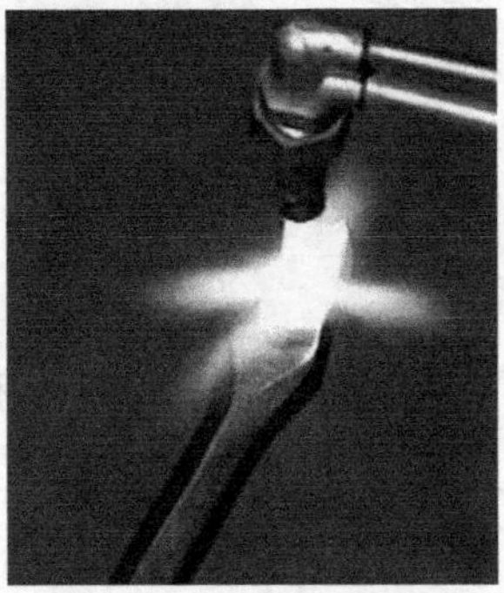

图 3-8 加热錾子

图 3-9 錾子的淬火

③ 等冷却好后（即錾子露出水面部分呈黑色时），将錾子从水中取出，如图 3-10 所示。

2．回火

錾子的回火是利用本身的余热进行的，其操作步骤如下。

① 当淬火的錾子露出水面的部分呈黑色时，将其从水中取出，然后擦除其氧化皮，如图 3-11 所示。

图 3-10 将錾子从水中取出

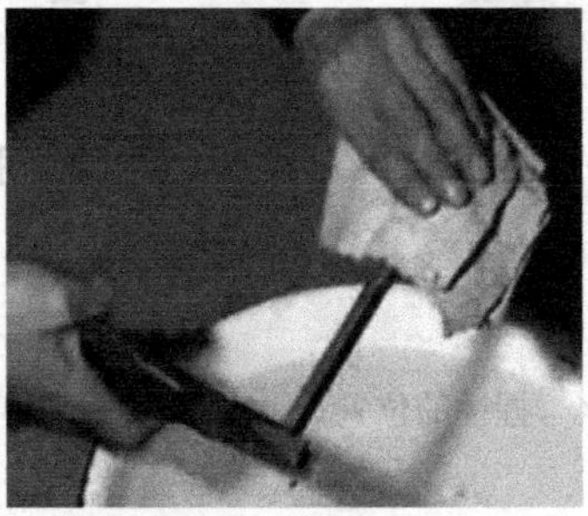

图 3-11 擦除氧化皮

② 观察錾子刃部颜色的变化，如图 3-12 所示。一般刚出水时錾子的刃口呈白色，随后变为蓝色。

③ 当呈黄色时再把錾子全部浸入水中冷却，如图 3-13 所示。至此，即完成錾子的淬火与回火的全部过程。

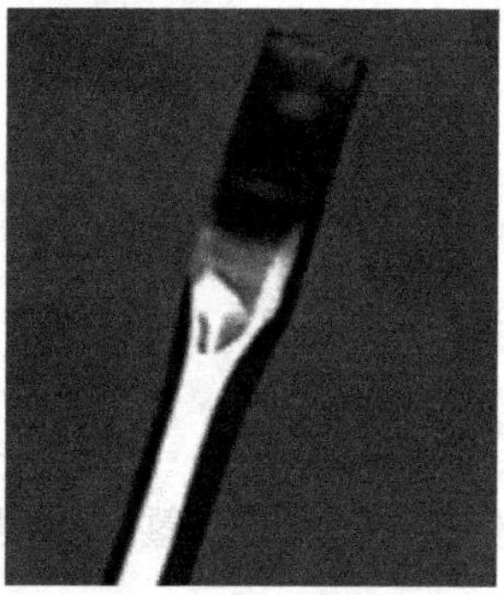

图 3-12 观察錾子刃部颜色的变化

图 3-13 再次放入水中冷却

活动三 錾削的方法

一、錾削安全知识

① 根据錾削要求正确选用錾子的种类。

② 錾削的工件要用台虎钳夹持牢固、可靠，一般錾削表面高于钳口 10mm 左右，底面若与钳身脱开，则须加装木块垫衬，以保证錾削时的安全。

③ 錾削时要戴防护眼镜。

④ 錾削方向要偏离人体，或加防护网，加强安全措施。

⑤ 錾削时，要目视錾子切削刃，手锤要沿錾子的轴线方向锤击錾子中央。

⑥ 錾身锤击处，若有毛刺或严重开裂，要及时清除或磨掉，避免碎裂伤手。

⑦ 手锤松动时，要及时更换或修整，以防止锤头脱落飞出伤人。

⑧ 錾屑要用刷子刷掉，不得用手去抹和用嘴吹。

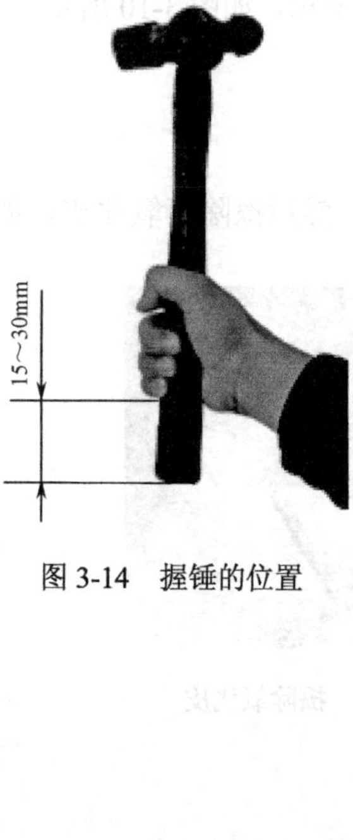

图 3-14 握锤的位置

二、手锤的握法与挥锤

1. 手锤的握法

一般手锤木柄（手把）的长度为 350mm，手握时端部留 15～30mm，如图 3-14 所示。

使用时，手指握锤子的方法有紧握法和松握法，见表 3-3。

表 3-3　手锤的握法

方　法	图　示	操作说明
紧握法	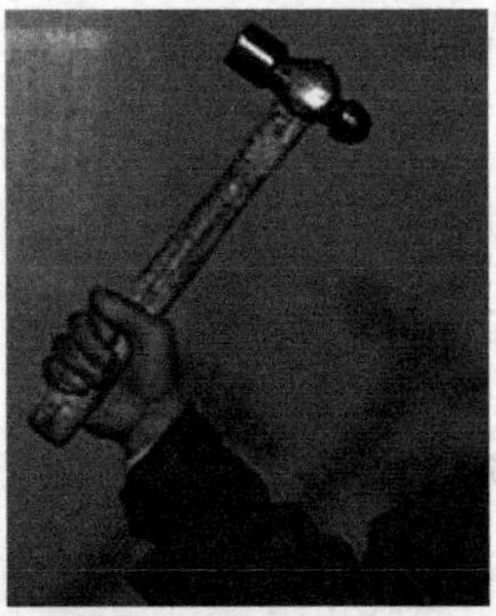	用右手五指紧握锤柄，大拇指合在食指上，在挥锤和锤击过程中，五指始终紧握
松握法		只有大拇指和食指始终紧握锤柄。在挥锤时，小指、无名指、中指依次放松；在锤击时，又以相反的次序收拢握紧

2．挥锤的姿势

挥锤时有腕挥、肘挥和臂挥三种姿势。

① 腕挥是只用手腕挥锤，如图 3-15 所示。其锤击力小，一般用于錾削的开始和结尾。

② 肘挥是用腕和肘一起挥锤，如图 3-16 所示。这种挥锤法打击力较大，应用最为广泛。

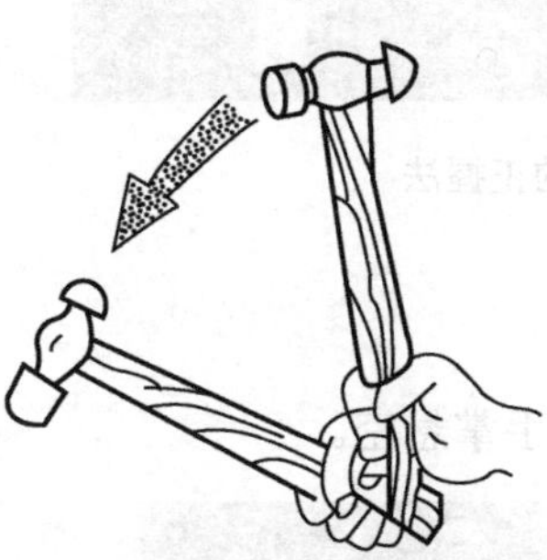

图 3-15　腕挥

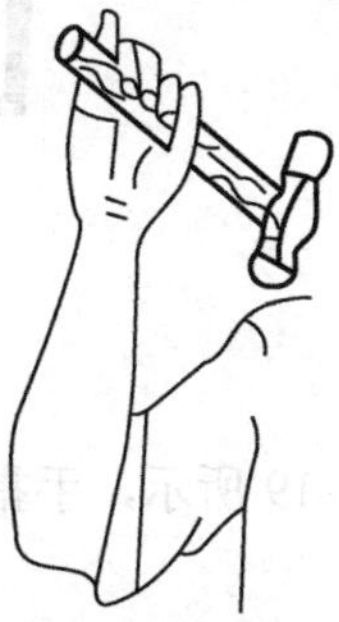

图 3-16　肘挥

③ 臂挥是用手腕、肘和全臂一起挥锤，如图 3-17 所示。这种挥锤法打击力最大，用于需要大力的錾削场合。

提示

挥锤：肘收臂提，举锤过肩；手腕后弓，三指微松；锤面朝天，稍停瞬间。

锤击：目视錾刃，臂肘齐下；收紧三指，手腕加劲；锤錾一线，锤走弧形；左脚着力，右腿伸直。

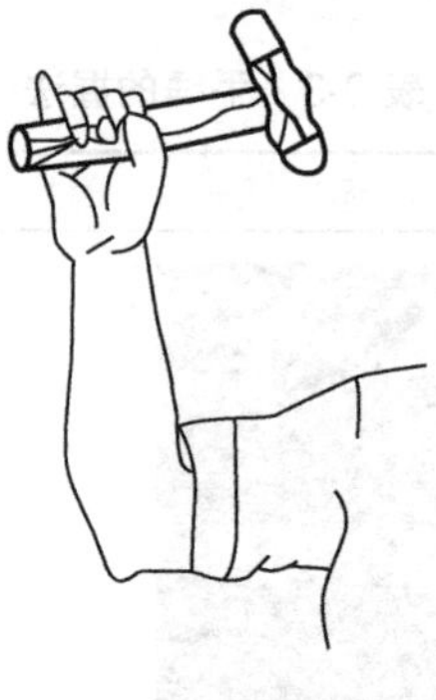

图 3-17　臂挥

三、錾子的握法

錾子主要用左手的中指、无名指握住，其握法有正握法和反握法。

1．正握法

正握法如图 3-18 所示，其方法是手心向下，腕部伸直，用中指、无名指握錾子，錾子头部伸出约 20mm。

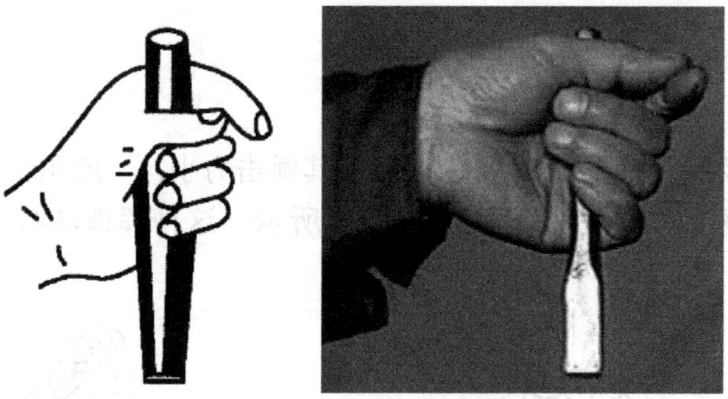

图 3-18　錾子的正握法

2．反握法

反握法如图 3-19 所示，手指自然捏住錾子，手掌悬空。

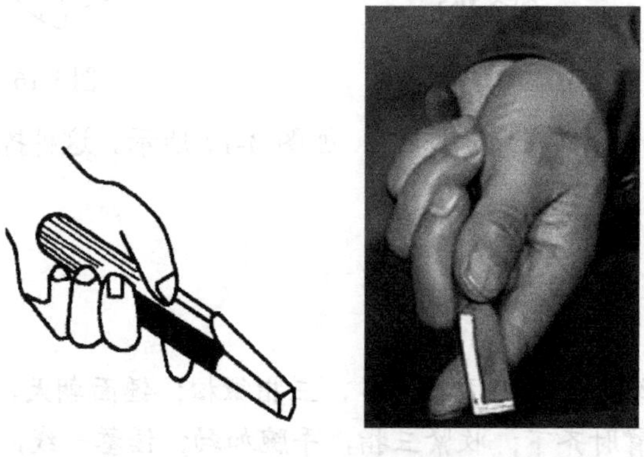

图 3-19　錾子的反握法

四、錾削时站立的姿势

为发挥较大的敲击力度，操作者必须保持正确的站立姿势。这个姿势要求左脚超前半步，两腿自然站立，人体重心稍微偏于后脚，视线要落在工件的切削部位，如图 3-20 所示。

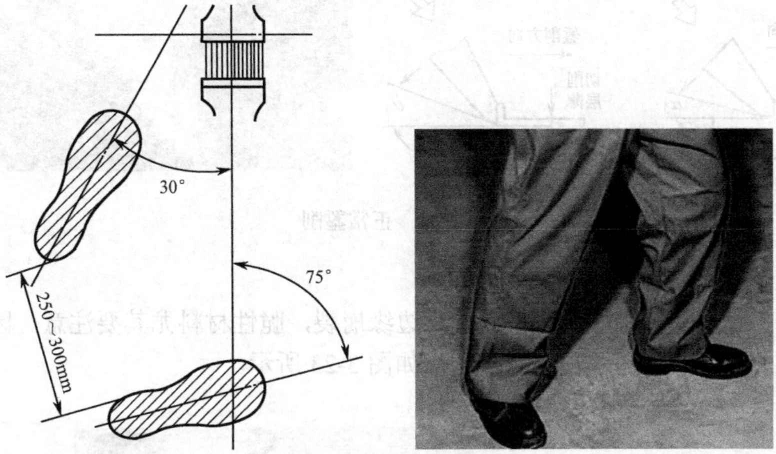

图 3-20 錾削时站立的姿势

五、錾削操作

1. 錾削的方法

錾削分三个步骤，即起錾、正常錾削和结束錾削。

（1）起錾

起錾时，錾子尽可能向右倾斜 45° 左右，从工件边缘尖角处开始，使錾子从尖角处向下倾斜约 30°，轻击錾子，切入工件，如图 3-21 所示。

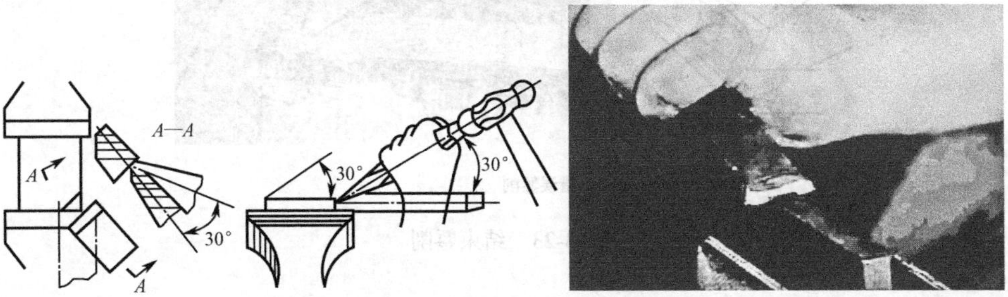

图 3-21 起錾

（2）正常錾削

起錾完成后就可进行正常錾削了。当切削层较厚时，要使后角 α_0 小一些；当切削层较薄时，其后角 α_0 要大一些，如图 3-22 所示。

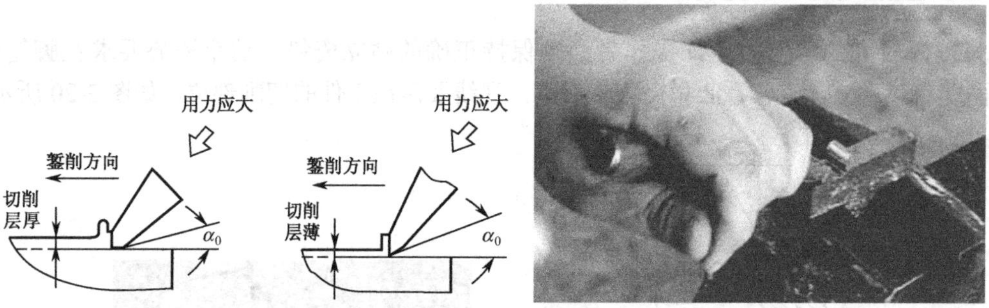

图 3-22　正常錾削

（3）结束錾削

当錾削到工件尽头时，要防止工件材料边缘崩裂，脆性材料尤其要注意。因此，錾到尽头 10mm 左右时，必须调头錾去其余部分，如图 3-23 所示。

（a）正确錾削

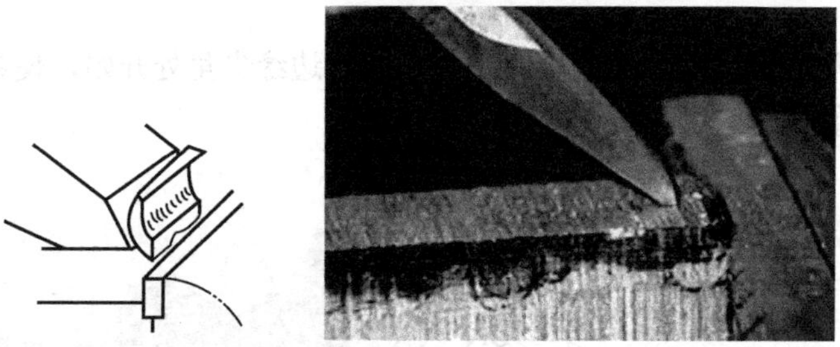

（b）错误錾削

图 3-23　结束錾削

2．各种材料的錾削方法

（1）板材的錾削

板材的錾削分为薄板、较大板材和复杂板材三种情况，见表 3-4。

表 3-4 板材的錾削

板材类型	图 示	操作说明
薄板	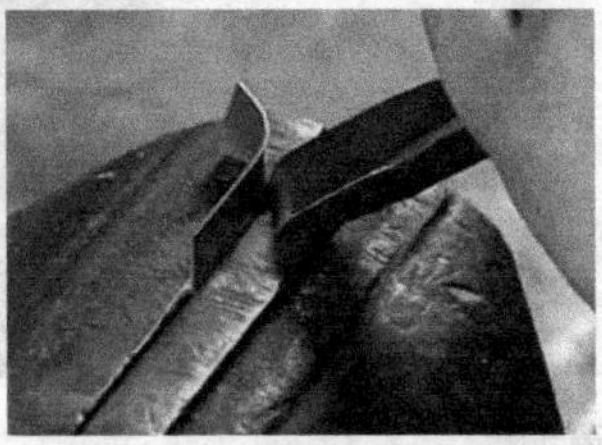	工件的切断处与钳口保持平齐，用扁錾沿钳口（约 45°）并斜对板面自右向左进行錾削
较大板材		对于尺寸较大的板材或錾切线有曲线而不能在台虎钳上錾切的板材，可在铁砧或旧平板上进行，并在板材下面垫上废软材料，以免损伤刃口
复杂板材	 	錾削较为复杂的板材时，一般先按轮廓线钻出密集的排孔，再用尖錾、扁錾逐步錾切

（2）平面的錾削

① 较窄平面的錾削。如图 3-24 所示，錾子的刃口要与錾削方向保持一定角度，使錾子容易被操作者掌握。

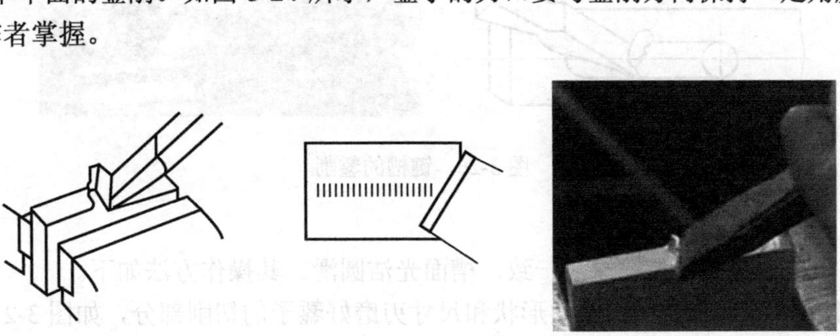

图 3-24 较窄平面的錾削

② 大平面的錾削。如图 3-25 所示，可先用狭錾间隔开槽，槽深一致，然后用扁錾錾去剩余部分。

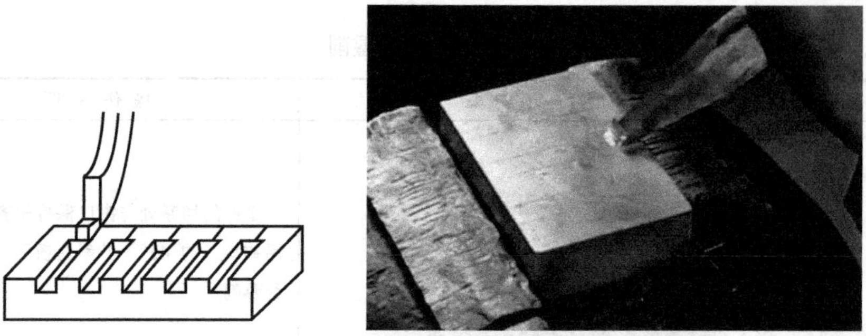

（a）狭錾间隔开槽

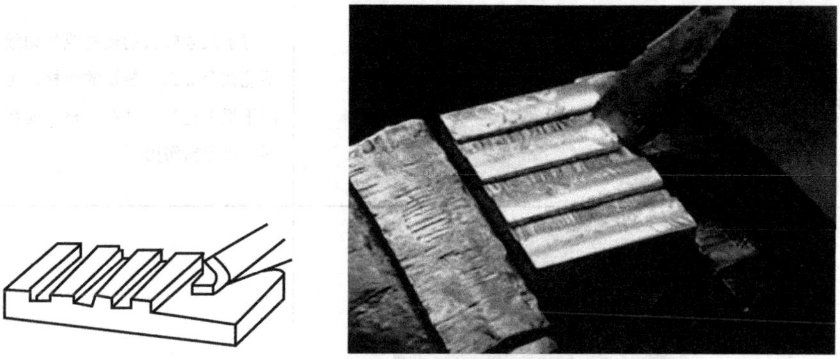

（b）錾去剩余部分

图 3-25　大平面的錾削

（3）键槽的錾削

对于带圆弧的键槽，应先在键槽两端钻出与槽宽相同的两个盲孔，再用狭錾錾削，如图 3-26 所示。

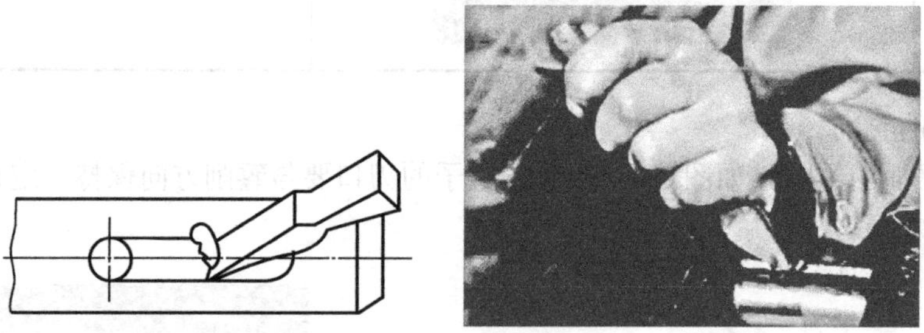

图 3-26　键槽的錾削

（4）油槽的錾削

油槽要求槽形粗细均匀、深浅一致，槽面光洁圆滑。其操作方法如下。

① 錾削前首先根据油槽的断面形状和尺寸刃磨好錾子的切削部分，如图 3-27 所示。

② 按要求在工件上划好油槽錾削加工线，如图 3-28 所示。

③ 在平面上錾油槽，起錾时錾子要慢慢加深至尺寸要求，錾到尽头时刃口必须保证槽底圆滑过渡，如图 3-29 所示。

④ 油槽錾好后，再用锉刀修去槽边毛刺，如图 3-30 所示。

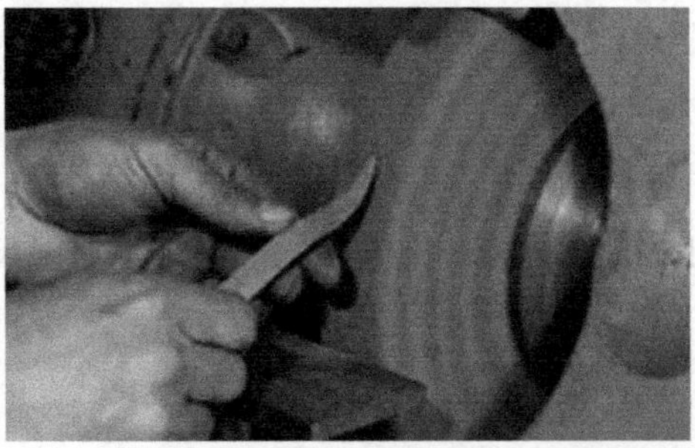

图 3-27 油槽錾的刃磨

图 3-28 划油槽加工线

图 3-29 平面上油槽的錾削

图 3-30 用锉刀修去槽边毛刺

提示

錾削时，一般每錾两三次后，可将錾子退回一些，做一次短暂的停顿，然后将刃口顶住錾削处继续錾削。这样既能随时观察錾削表面情况，又可使手部肌肉得到放松。

活动四 錾削圆钢棒料

圆钢棒料的錾削图样如图 3-31 所示。

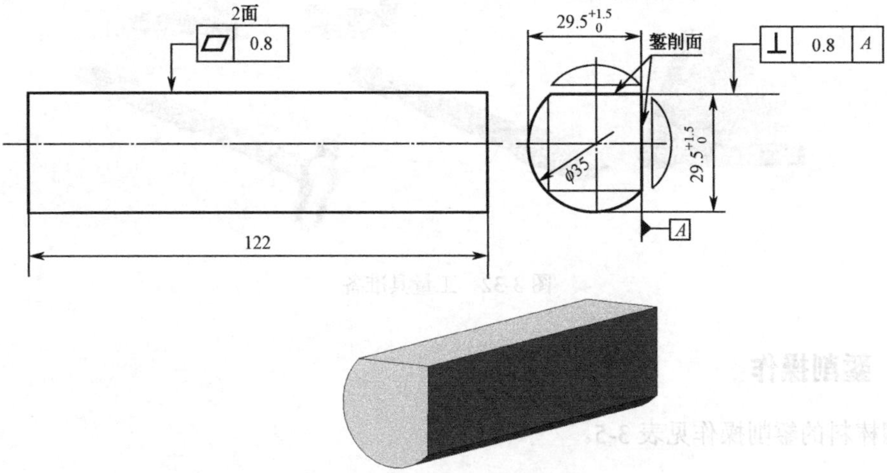

图 3-31 圆钢棒料錾削图样

一、图样分析

1．尺寸公差

图 3-31 中錾削的尺寸公差为 $29.5^{+1.5}_{0}$ mm，即最大极限尺寸为 31.0mm，最小极限尺寸为 29.5mm。

2．形位公差

（1）平面度公差

图 3-31 中 ⏥ 0.8 是平面度公差要求，表示零件加工表面的平整程度。

（2）垂直度公差

图 3-31 中 ⊥ 0.8 A 是垂直度公差要求，表示工件上的两錾削平面的位置关系必须是垂直的。

二、材料与工量具准备

1．材料

材料接划线工件，为ϕ35mm×122mm 的 45 圆钢棒料（由划线工件转入）。

2．工量具

选用 0.02mm/（0～150）mm 的游标卡尺、刀口形直尺、90° 角尺、塞尺、游标高度尺、扁錾、手锤，如图 3-32 所示。

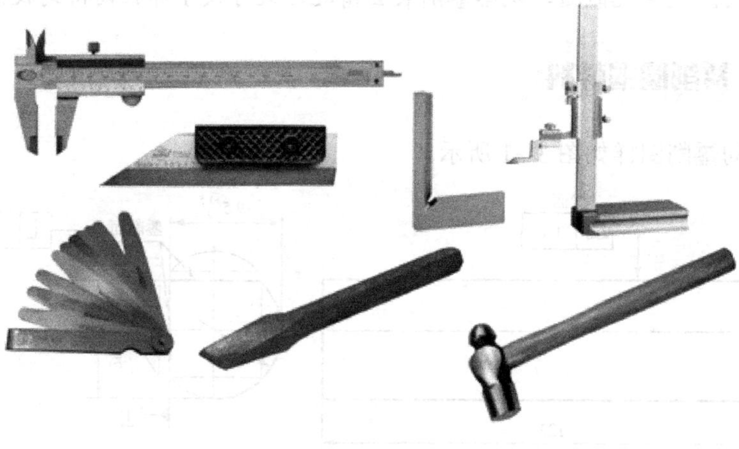

图 3-32 工量具准备

三、錾削操作

圆钢棒料的錾削操作见表 3-5。

表 3-5 圆钢棒料的錾削操作

加工步骤	操作说明	图示
装夹工件	按划线位置找正并在台虎钳上夹紧工件。所划的加工面线条应平行于钳口，錾削面高于钳口 10～15mm，下面加衬垫	
錾第一面	用扁錾以 0.5～1.5mm 的錾削余量粗錾第一面	
	粗錾完成后，用锉刀修去毛刺	
	毛刺修整后，用游标卡尺检测尺寸应为 31～31.5mm	
	用刀口形直尺检测第一面平面度误差（平面度误差值可用塞尺确定，本活动任务应达到图样上要求的 0.8mm，即测量时 0.8mm 厚的塞尺不得通过）	 

续表

加工步骤	操作说明	图示
錾第一面	用扁錾以 0.5mm 的錾削余量，以肘挥的挥锤方式对平面进行修整加工，达到图样规定的尺寸和平面度要求（$29.5^{+1.5}_{0}$ 和 ▱ 0.8 ），且錾削痕迹应整齐一致	
錾第二面	按第一面的錾削方法，粗、精錾第二面至图样要求，并保证垂直度要求为 ⊥ 0.8 A	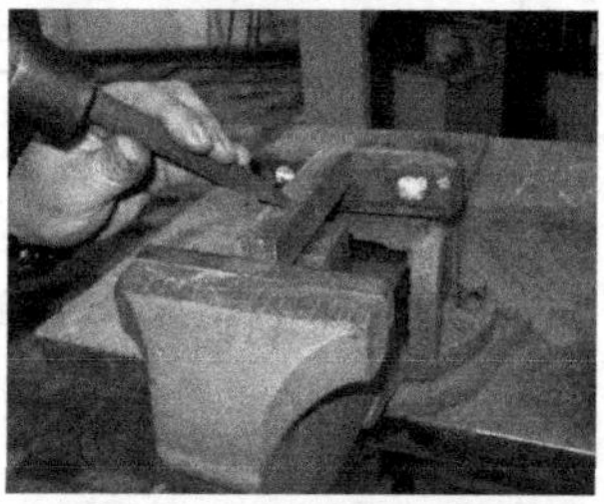
	修整毛刺，用游标卡尺检测尺寸应为 31～31.5mm	
	用 90° 角尺测量第二面与第一面的垂直度	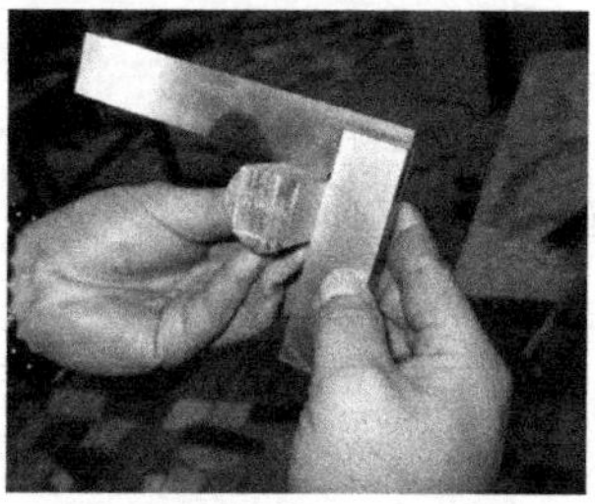

提示

① 工件在台虎钳上装夹时，为使工件夹紧牢固又不易变形，钳口应加上软钳口。

② 用刀口形直尺和 90° 角尺改变检测位置时，应先提起，然后轻放到另一位置，切不可在平面上拖动。另外，检测时，90° 角尺不可斜放，否则检测结果不准确。

四、錾削质量分析

錾削质量分析见表 3-6。

表 3-6　錾削质量分析

质量情况	原因分析
表面凹凸不平	①锤击力不均匀 ②錾子切削刃磨钝，不锋利 ③錾削过程中，后角大小不一致
崩裂或塌角	①起錾角度不正确 ②起錾量太大 ③錾到尽头时未调头錾削
尺寸不符合要求	①起錾时超过尺寸界限 ②没錾到位，尺寸过大 ③没有及时检测，尺寸过小 ④测量不正确
表面质量太差	①錾子刃口爆裂或刃口不锋利 ②工件夹持不当，在錾削力的作用下造成夹持面损伤

项目评价

一、思考题

1．什么是錾削？錾削有哪些应用场合？

2．观察图 3-33 所示三种錾子，思考后填空。

（a）为__________。

（b）为__________。

（c）为__________。

当錾削油槽时应选用__________。

当錾削平面、毛刺时应选用__________。

当錾削曲线形板料时应选用__________。

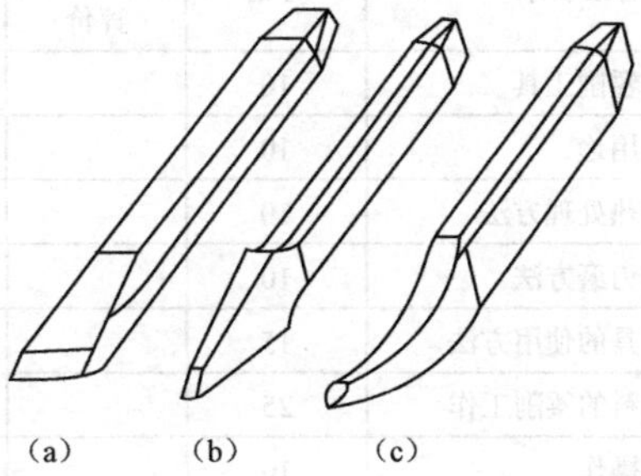

图 3-33　三种錾子

3．如何选择錾子的楔角？錾削时后角的大小如何选择？

4．简述錾削时挥锤的要领。

5．錾削时应注意哪些问题？

二、技能训练

錾削图 3-34 所示的削边轴。

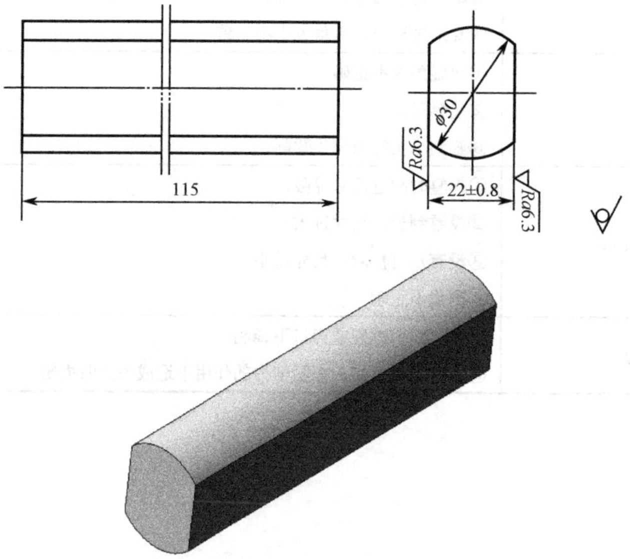

技术要求：22mm尺寸处最大与最小尺寸的差值不得大于1mm。

图 3-34 削边轴錾削图样

三、项目评价评分表

1. 个人知识和技能评价表

班级： 姓名： 成绩：

评价方面	评价内容及要求	分值	自我评价	小组评价	教师评价	得分
项目知识内容	①认识常见的錾削工具	10				
	②掌握錾子的用途	10				
	③了解錾子的热处理方法	10				
项目技能内容	①掌握錾子的刃磨方法	10				
	②掌握錾削工具的使用方法	15				
	③完成圆钢棒料的錾削工作	25				
安全文明生产和职业素质培养	①安全、规范操作	10				
	②文明操作，不迟到早退，操作工位卫生良好，按时按要求完成实训任务	10				

2. 小组学习活动评价表

班级：　　　　　　小组编号：　　　　　　成绩：

评价项目	评价内容及评价分值			自评	互评	教师评分
	优秀（15～20分）	良好（12～15分）	继续努力（15分以下）			
分工合作	小组成员分工明确，任务分配合理	小组成员分工较明确，任务分配较合理	小组成员分工不明确，任务分配不合理			
实操技能操作	优秀（15～20分）	良好（12～15分）	继续努力（12分以下）			
	能按技能目标要求规范完成每项实操任务	基本完成每项实操任务	基本完成每项实操任务，但规范性不够			
基本知识分析讨论	优秀（15～20分）	良好（12～15分）	继续努力（12分以下）			
	概念准确，理解透彻，有自己的见解	讨论没有间断，各抒己见，思路基本清晰	讨论能够展开，分析有间断，思路不清晰，理解不透彻			
总分						

项目四　锯 削 加 工

用手锯对材料或工件进行切断或切槽等操作称为锯削，如图 4-1 所示。

图 4-1　锯削操作

项目学习目标

学习内容		学习方式
知识目标	①掌握锯削加工的步骤与方法 ②了解锯削中容易出现的问题 ③掌握锯削事项	教师讲授、启发、引导、互动式教学
技能目标	①会选用锯削工具、锯条的规格，并能正确安装 ②掌握正确的锯削操作姿势 ③了解锯条损坏原因与预防方法 ④能完成扁圆钢棒料的锯削工作	教师演示，学生实训，教师巡回指导
情感目标	激发学生对钳工技术的兴趣，培养胆大心细的素养和团队合作意识	小组讨论，取长补短，相互协作

项目学习内容

活动一　锯削工具的认知与使用

一、锯削工具

1．锯弓

锯弓是用来安装锯条的，它可分为固定式和可调式两种，如图 4-2 所示。固定式锯弓的弓架是整体的，只能安装一种长度的锯条；可调式弓架分成前、后两段，由于前段在后段内可以伸缩，因而可安装不同长度的锯条。

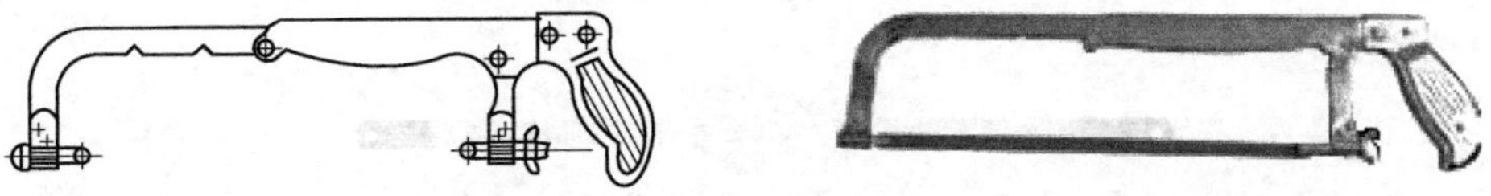

（a）可调式

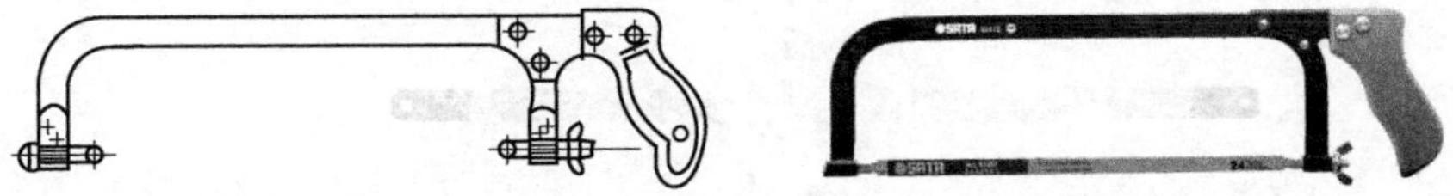

（b）固定式

图 4-2 锯弓

锯弓的两端都有夹头，与锯弓的方孔配合，靠手柄端为活动夹头，用翼形螺母拉紧锯条。

2．锯条

手用锯条一般是长 300mm 的单面齿锯条，其宽度为 12～13mm，厚度为 0.6mm，如图 4-3 所示。锯条由碳素工具钢或合金钢制成，并经热处理淬硬。

图 4-3 锯条

锯割时，锯入工件的锯条会受到锯缝两边的摩擦阻力，锯入越深，阻力就越大，甚至会把锯条“咬住”，因此制造时会将锯条上的锯齿按一定规律左右错开排成一定的形状，即锯路，如图 4-4 所示。

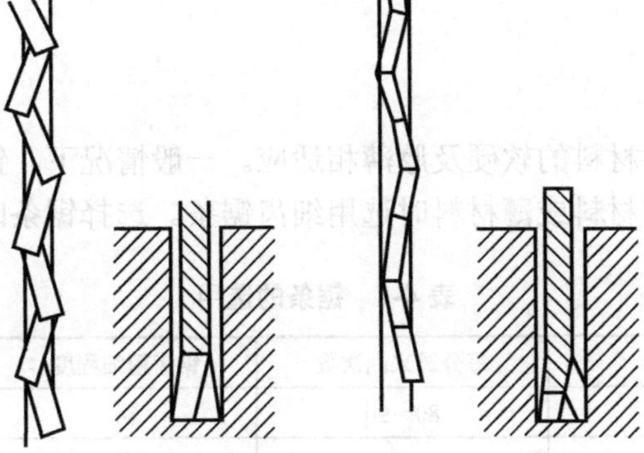

图 4-4 锯路

锯齿粗细是用锯条上每 25mm 长度内的齿数来表示的，目前 14～18 齿为粗齿，24 齿为中齿，32 齿为细齿，如图 4-5 所示。锯齿也可按齿距（t）的大小分为粗齿（t = 1.6mm）、中齿（t = 1.2mm）、细齿（t = 0.8mm）三种。

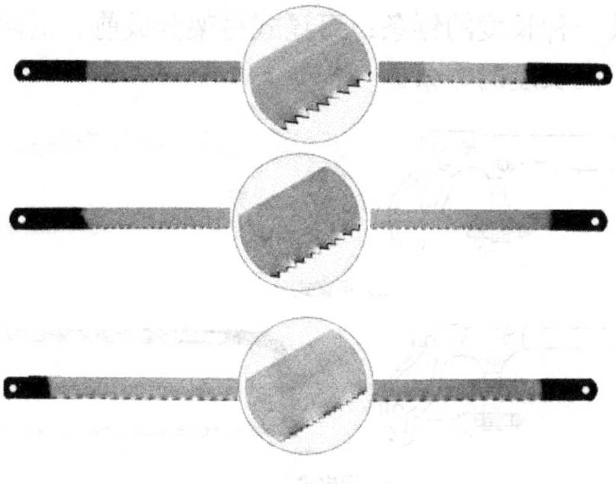

图 4-5 锯齿粗细

二、工具的使用

1. 锯弓的握法

锯削时锯弓的握法是右手满握锯柄，左手轻扶锯弓伸缩弓前端，如图 4-6 所示。

图 4-6 锯弓的握法

2. 锯条的安装

（1）选择锯条

锯齿的粗细应与工件材料的软硬及厚薄相适应。一般情况下，锯软材料或断面较大的材料时选用粗齿锯条，锯硬材料或薄材料时选用细齿锯条。选择锯条时可参考表 4-1。

表 4-1 锯条的选用

材料的种类	每分钟来回次数	锯齿粗细程度	每 25mm 长度内的齿数
轻金属、紫铜和其他软性材料	80～90	粗	14～18
强度在 5.88×10^3Pa 以下的钢	60	中	24
工具钢	40	细	32
壁厚中等的管子和型钢	50	中	24
薄壁管子	40	细	32
压制材料	40	粗	14～18
强度超过 5.88×10^3Pa 的钢	30	细	32

（2）安装锯条

手锯在前推时才能起到切削的作用，因而在安装锯条时应使其齿尖的方向向前，如图 4-7 所示。

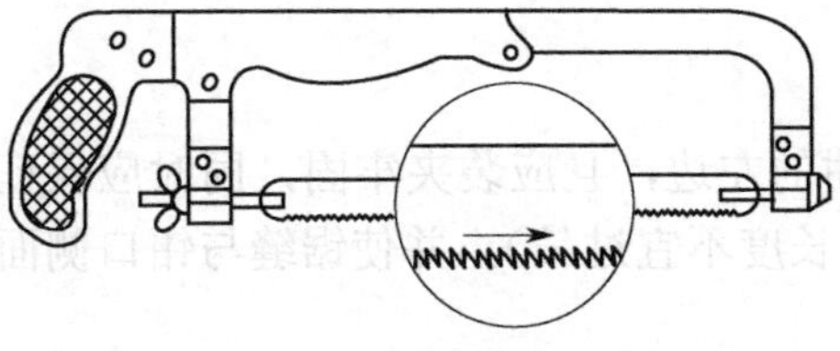

（a）正确安装

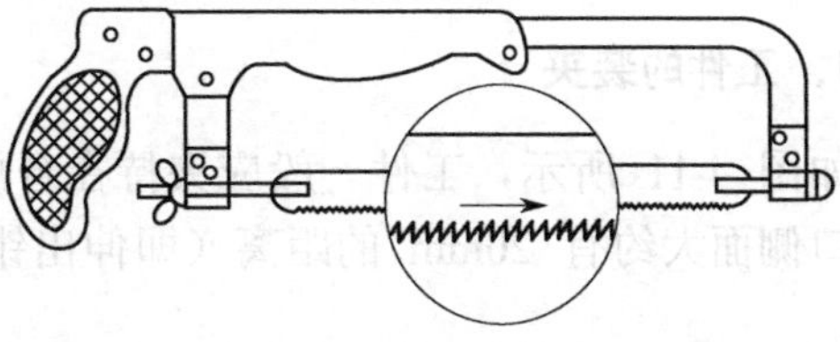

（b）错误安装

图 4-7 安装锯条

提示

如图 4-8 所示，在调节锯条松紧时，翼形螺母不宜太紧，否则会折断锯条；也不宜太松，否则锯条易扭曲，锯缝容易歪斜，如图 4-9 所示。其松紧程度以用手扳动锯条，感觉硬实为宜，如图 4-10 所示。另外，安装好后还应检查锯条平面与锯弓平面是否平行，不能歪斜、扭曲。

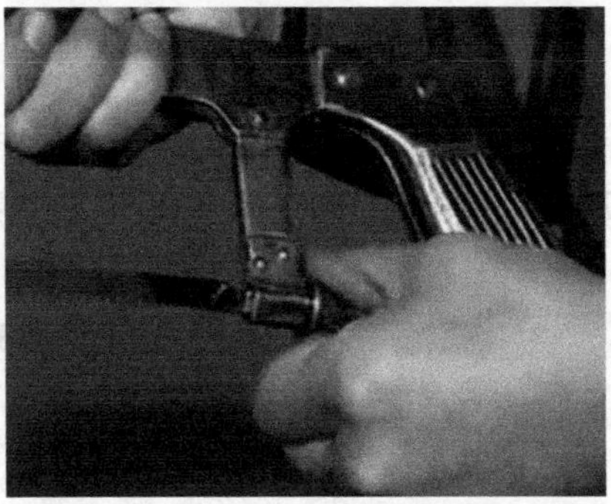

图 4-8 调节翼形螺母

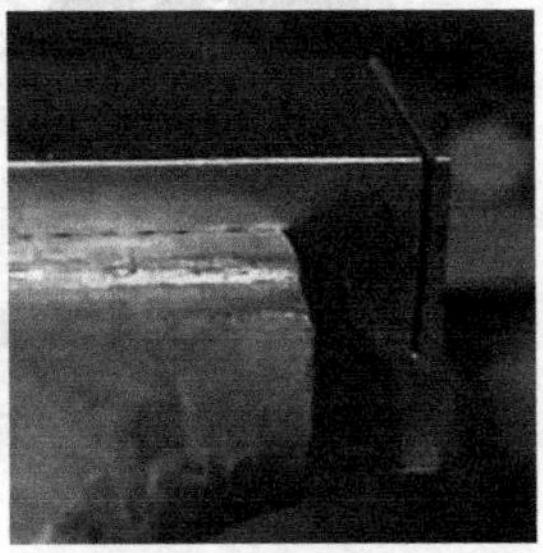

图 4-9 锯条太松，锯缝歪斜

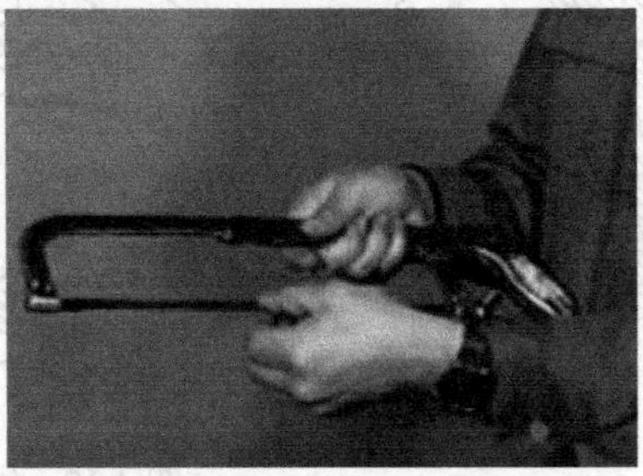

图 4-10 检查锯条松紧

活动二 锯削的操作方法

虽然当前各种自动化、机械化的切削设备已被广泛使用，但因锯削具有方便、简单、灵活等特点，所以在单件和小批量生产等场合应用非常广泛。

一、锯削加工的步骤和方法

1. 工件的装夹

如图 4-11 所示，工件一般应夹持在台虎钳的左边，且应装夹牢固，同时应保证锯缝离钳口侧面大约有 20mm 的距离（即伸出钳口长度不宜过长），并使锯缝与钳口侧面保持平行。

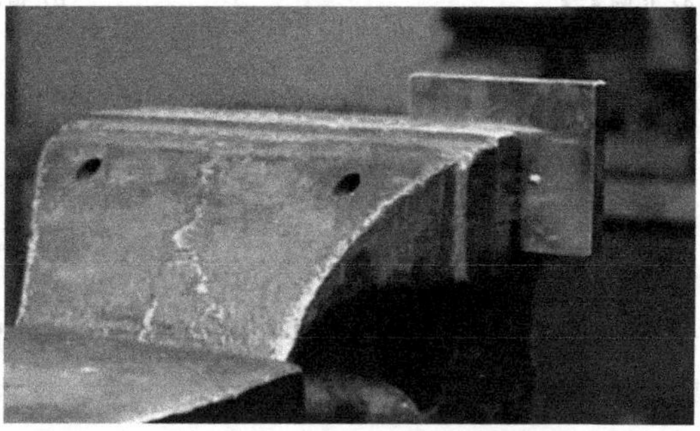

图 4-11 工件在台虎钳上的装夹

2. 锯削的站立姿势

锯削时，操作者应站在台虎钳的左侧，左脚向前迈半步，与台虎钳中轴线成 30° 角；右脚在后，与台虎钳中轴线成 75° 角；两脚间的距离与肩同宽，身体与台虎钳中轴线的垂线成 45° 角，如图 4-12 所示。

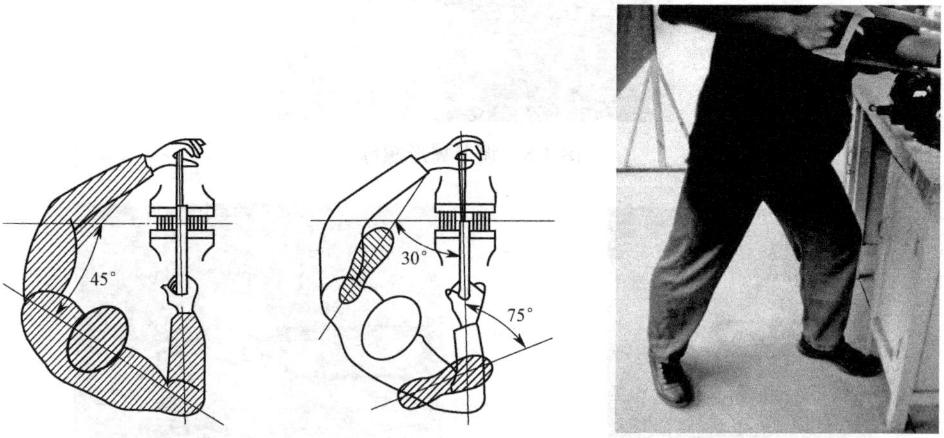

图 4-12 锯削的站立姿势

3. 锯削的压力

锯削时，右手控制推力与压力，左手配合右手扶正锯弓，应注意压力不宜过大，返回行程中应为不切割状态，故而不应加压。

4．锯削的运动和速度

手锯推进时，身体略向前倾，左手上翘，右手下压；回程时，右手上抬，左手自然跟进，如图 4-13 所示。锯削运动的速度一般应保持为 40 次/分钟左右。锯削硬材料时应慢些，同时锯削行程也应保持均匀，返回行程应相对快一些。

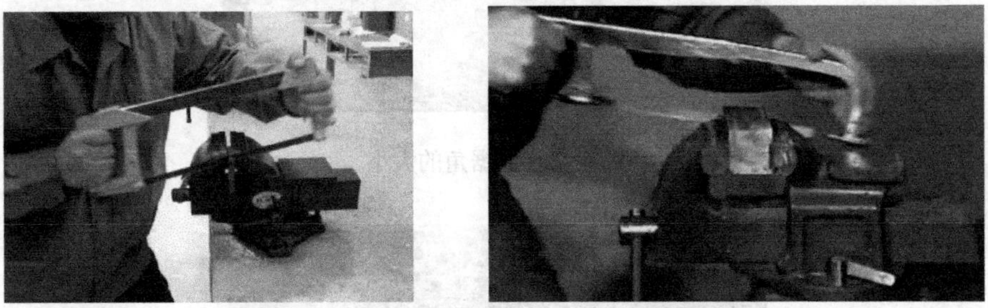

（a）推锯　　（b）回锯

图 4-13　锯削的运动

5．起锯的方法

起锯是锯削工作的开始，起锯的好坏直接影响锯削质量的好坏。起锯有远起锯和近起锯两种，如图 4-14 所示。

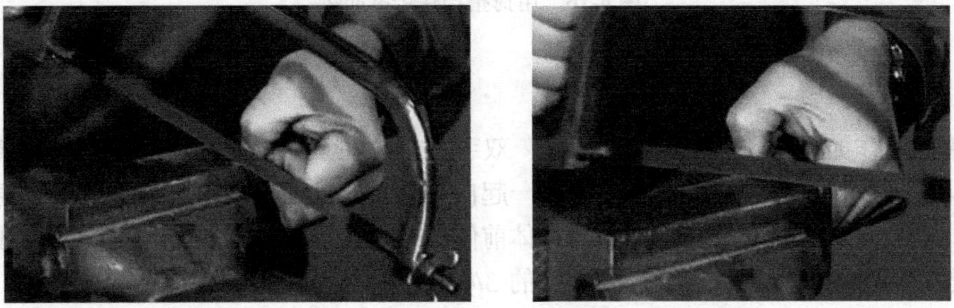

（a）远起锯　　（b）近起锯

图 4-14　起锯的方法

提示

一般情况下，锯削采用远起锯。因为远起锯时锯齿是逐渐切入工件的，锯齿不易卡住，起锯也较方便。起锯时，起锯角以 15° 左右为宜，如图 4-15 所示。

为了保证起锯的位置正确和平稳，左手拇指要靠住锯条，以挡住锯条来定位，使锯条正确地锯在所需的位置上，如图 4-16 所示。当起锯锯至槽深 2～3mm 时，拇指即可离开锯条，然后扶正锯弓逐渐使锯痕向后呈水平，再往下正常锯削。

图 4-15 起锯角的大小

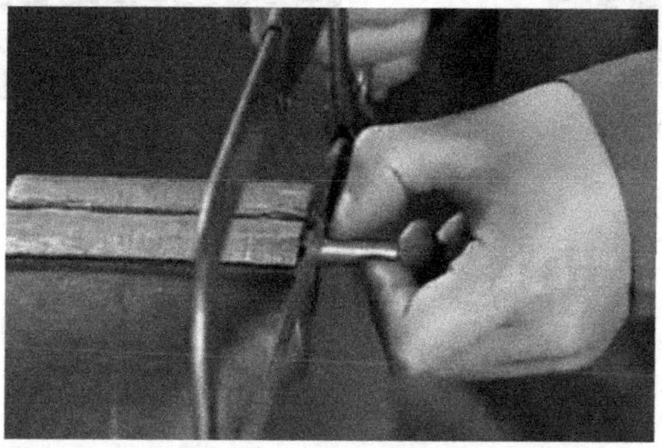

图 4-16 用拇指挡住锯条起锯

6. 锯割的动作

锯割的动作如图 4-17 所示。锯割时，双手握锯放在工件上，左臂略弯曲，右臂要与锯割方向保持一致。向前锯割，身体与手锯一起向前运动。此时，右腿伸直向前倾，身体也随之前倾，重心移至左腿上，左膝弯曲，身体前倾 15°。随着手锯行程的增大，身体倾斜角度也随之增大至 18°。当手锯推至锯条长度的 3/4 时，身体停止运动，手锯准备回程，身体倾斜角度回到 15°。整个锯割过程中身体摆动要自然。

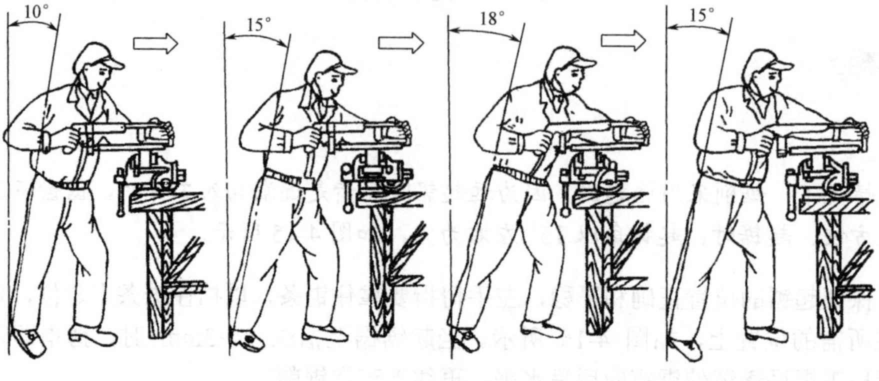

图 4-17 锯割的动作

提示

锯削的运动方式有两种，一种是直线往复运动，它适用于手锯缝底面要求平直的沟槽和薄型工件；另一种是摆动式（也称弧线式），前进时右手下压而左手上提，操作自然。

二、各种材料的锯削方法

1．棒料的锯削

当锯削的断面要求平整时，应从开始连续锯至结束，如图 4-18 所示。当锯出的断面要求不高时，每锯到一定深度（这个深度以不超过中心为准），可将工件旋转 180° 后进行对接锯削，最后一次锯断，如图 4-19 所示，这样可减少锯削拉力，容易锯入，而且可以提高工作效率。

图 4-18 一次锯断

（a）先锯至一定深度

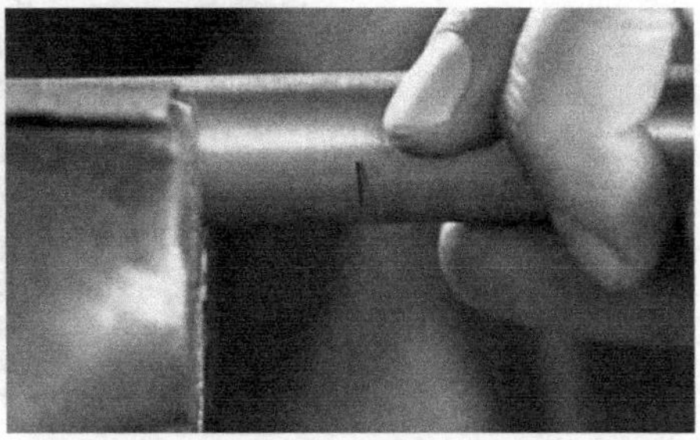

（b）将工件旋转 180°

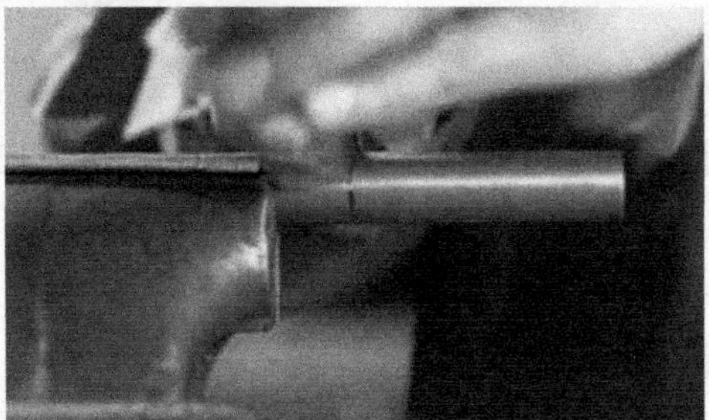

（c）对接锯削

图 4-19 上下锯削

提示

在锯削直径较大的工件时，如果断面质量要求不高，可分几个方向锯削，但锯削深度不得超过中心，最后将工件折断，如图 4-20 所示。

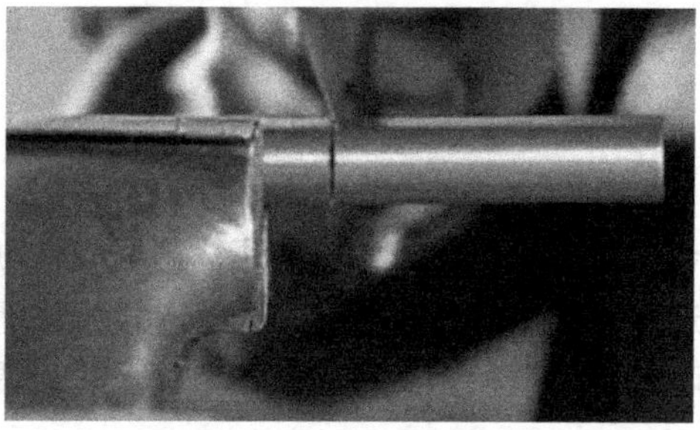
（a）从多个方向锯削

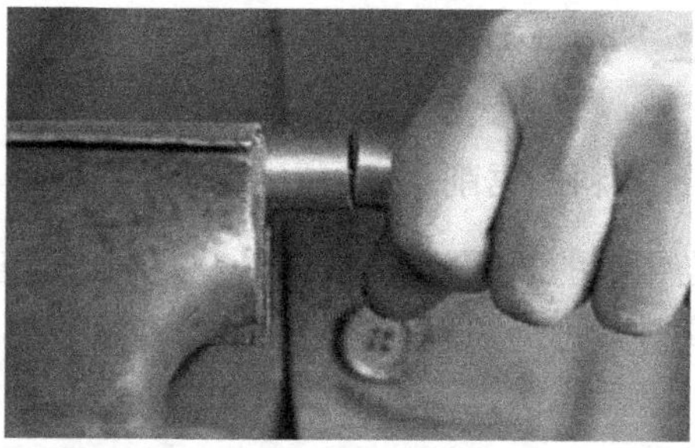
（b）折断工件

图 4-20 多个方向锯削

2．角钢的锯削

角钢的锯削应从宽面起锯，以免锯条被卡住或折断。为保证角钢在锯削时的装夹和锯削质量，可在角钢下面垫入适当的木条后再进行锯削，如图 4-21 所示。

图 4-21 角钢垫上木条锯削

3．扁钢的锯削

锯削扁钢时，应尽可能采用远起锯的方法，从扁钢的宽度方向锯下去，注意起锯的角度不宜过大，如图 4-22 所示。

提示

当工件较大且快要锯断时，应用手扶住要锯断的一端，如图 4-23 所示，以免零件落地砸脚。

图 4-22 扁钢的锯削

图 4-23 要锯断时用手扶住要锯断的一端

4．薄板材的锯削

对于较薄的带钢和较薄的板材，如一定要从窄的一面锯下去，为了防止锯削时板材变形或锯齿崩裂，可将薄板夹持在两木块之间，连同木块一起锯削，如图 4-24 所示。这样锯削可增加锯条同时锯削的齿数，而且工件刚度也好，便于锯削。

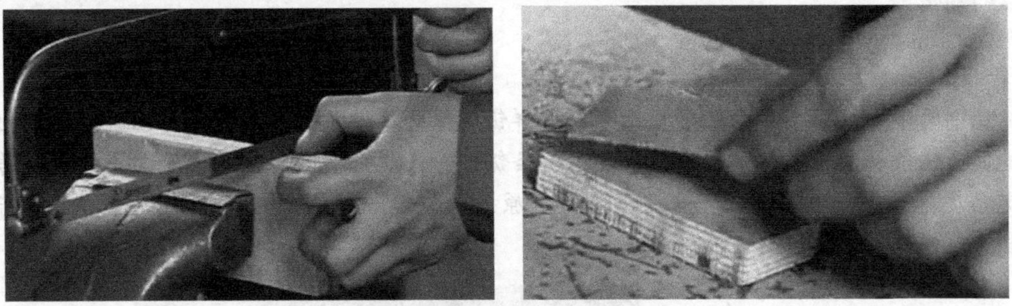

图 4-24 用木块夹持锯削

提示

薄板的锯削还可采用铁钳口的锯削方法，如图 4-25 所示。

图 4-25 铁钳口锯削薄板

5．管子的锯削

锯削前把管子水平夹持在台虎钳上，不能夹持太紧，以免管子变形。对于薄壁管子或精加工过的管子，应采用 V 形木垫夹住，如图 4-26 所示。

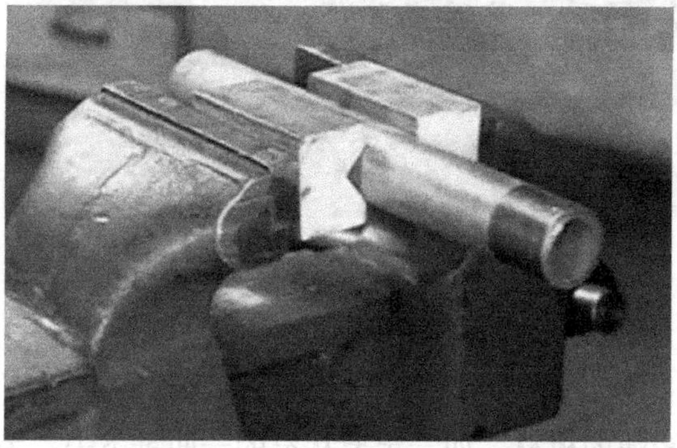

图 4-26 用 V 形木垫夹住管子

提示

锯削时不可从一个方向锯削至结束，这样锯削锯齿容易被勾住而崩齿，而且这样锯出的锯缝因为锯条的跳动而不平整。所以，当锯条锯到管子的内壁时，应将管子向推锯方向转过一定角度，如图 4-27 所示，然后锯条再沿原来的锯缝继续锯削，这样不断转动，不断锯削，直至锯削结束。

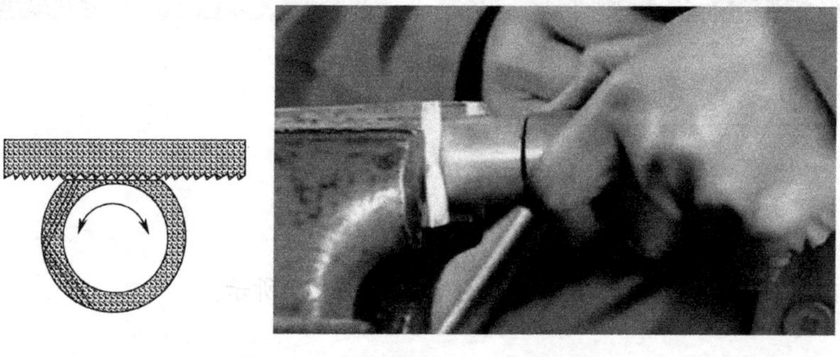

图 4-27 管子转动一定角度锯削

提示

锯削管子前，可划出垂直于轴线的锯削线。由于锯削时对线的精度要求不高，最简单的方法是用矩形纸条（划线边必须直）按锯削尺寸绕住工件外圆，如图 4-28 所示，然后用滑石划出。

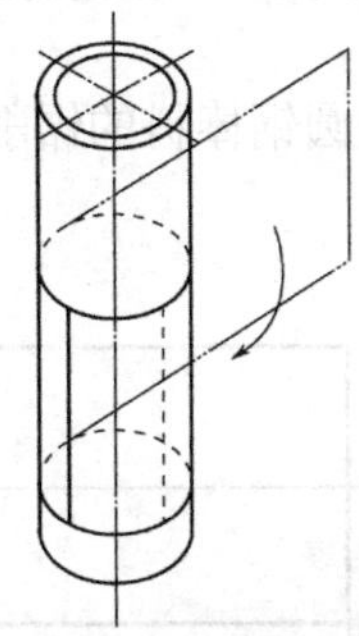

图 4-28　管子锯削线的划法

6．深缝的锯削

锯削深缝时，可以先用顺锯的方法将工件锯至一定的深度，如图 4-29（a）所示。当锯缝深度超过锯弓宽度时，可将锯条旋转 90°，安装后再进行锯削，如图 4-29（b）所示。

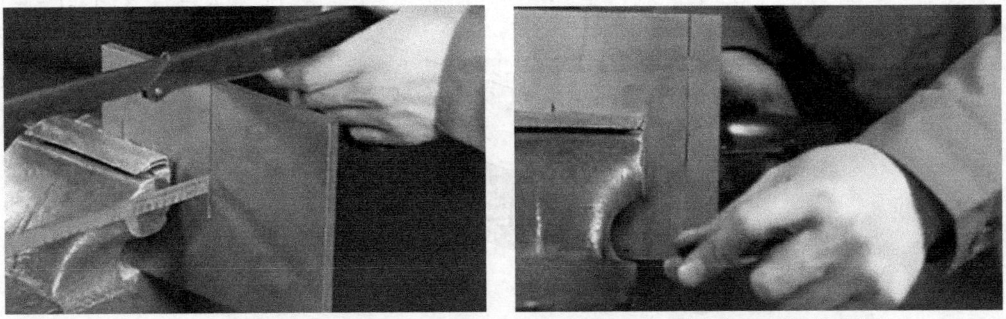

（a）工件锯至一定深度　　（b）锯条旋转 90° 后再进行锯削

图 4-29　深缝的锯削

提示

当工件的宽度超过锯弓的宽度，旋转 90° 也不能向下锯时，可以将锯弓旋转 180°，安装锯条后再进行锯削，如图 4-30 所示。

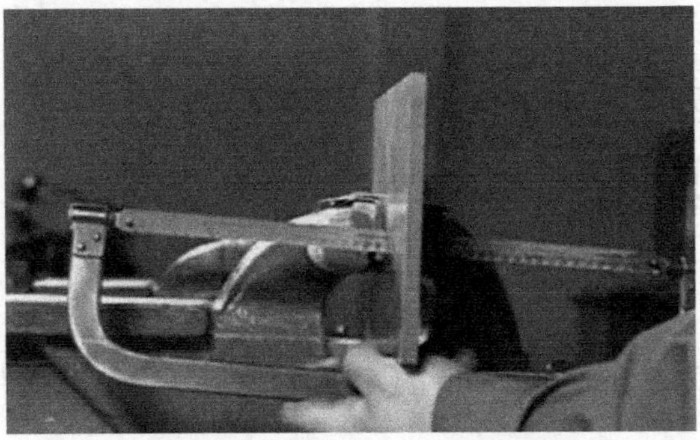

图 4-30　锯弓旋转 180° 后锯削

活动三　锯削扁圆钢棒料

扁圆钢棒料的锯削图样如图 4-31 所示。

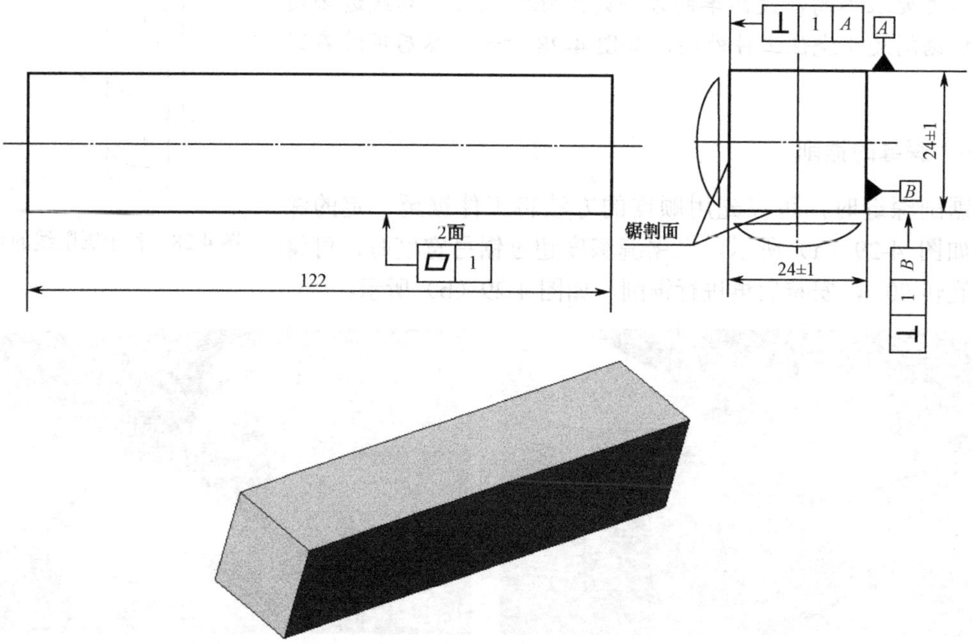

图 4-31　扁圆钢棒料锯削图样

一、图样分析

1. 尺寸公差

图 4-31 中锯削的尺寸公差为 24±1mm，即最大极限尺寸为 25mm，最小极限尺寸为 23mm。

2. 形位公差

图样平面度要求为|▱|1|，垂直度要求为|⊥|1|A|、|⊥|1|B|。

二、材料与工量具准备

1. 材料

材料接錾削工件，为ϕ35mm×122mm 的 45 圆扁钢料（由錾削工件转入）。

2. 工量具

选用 0.02mm/（0～150）mm 的游标卡尺、刀口形直尺、90° 角尺、游标高度尺、手锯，如图 4-32 所示。

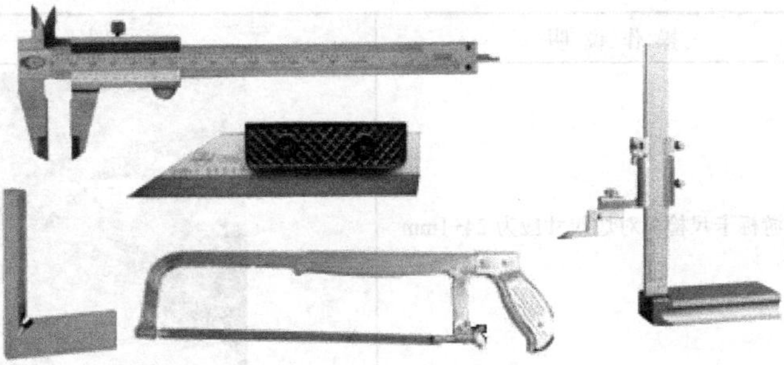

图 4-32 工量具准备

三、锯削操作

扁圆钢棒料的锯削操作见表 4-2。

表 4-2 扁圆钢棒料的锯削操作

加工步骤	操作说明	图示
装夹工件	将工件竖着装夹在台虎钳上，工件伸出钳口不要过长，并应使锯缝离开钳口侧面约 20mm，以防锯削时产生振动	
锯削第一面	按划线位置，以远起锯（或近起锯）的方式锯削第一面	 

续表

加 工 步 骤	操 作 说 明	图　　示
测量尺寸	用游标卡尺检测对边尺寸应为 24±1mm	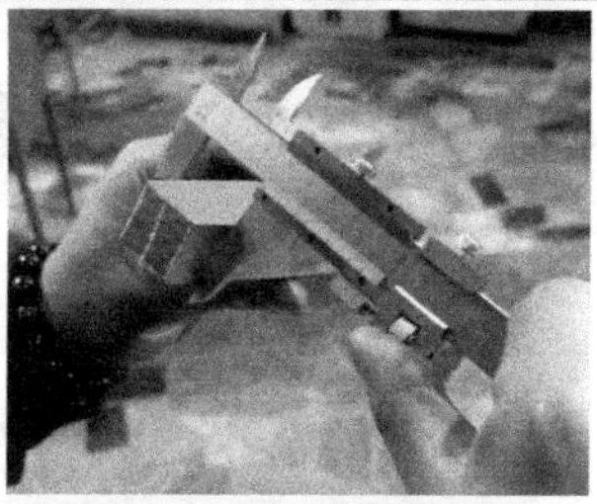
检测平面度	用刀口形直尺检测锯削平面的平面度	
检测垂直度	用 90° 角尺检测锯削面的垂直度	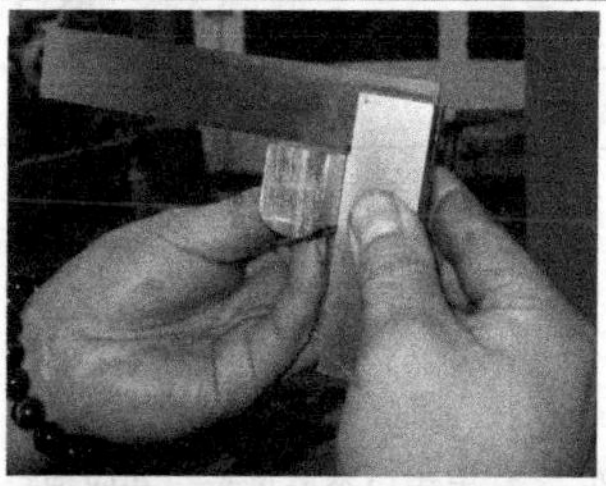
锯削第二面	按划线位置，以远起锯（或近起锯）的方式锯削第二面	
测量尺寸	用游标卡尺检测对边尺寸应为 24±1mm	
检测平面度	用刀口形直尺检测锯削平面的平面度	

续表

加工步骤	操作说明	图示
检测垂直度	用 90° 角尺检测锯削面的垂直度	

提示

当工件要锯断时，应用左手扶住工件，右手轻施压力，慢速将工件锯断，如图 4-33 所示。

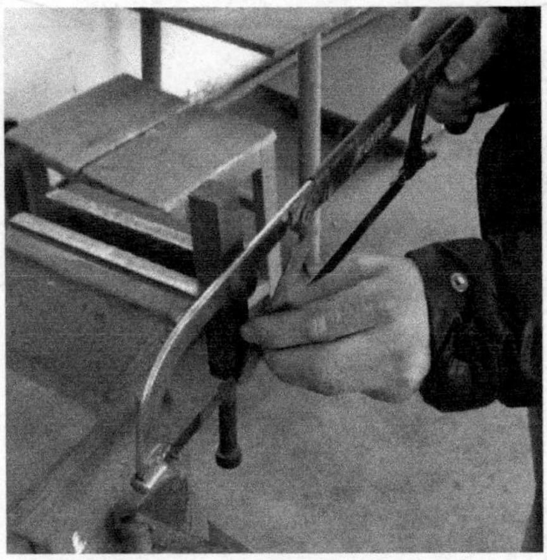

图 4-33 结束时的锯削方法

四、锯削质量分析

锯削质量分析见表 4-3。

表 4-3 锯削质量分析

质量问题	产生原因
锯条折断	①工件未装夹牢固 ②锯条安装过松或过紧 ③锯削压力过大或锯削方向突然发生改变 ④强行纠正歪斜的锯缝，或调换新锯条后仍在原锯缝用力锯入 ⑤锯削时锯条中间局部磨损，拉长锯时锯条卡住 ⑥中途停顿时，手锯未从工件中取下而碰断
锯齿崩裂	①锯条选择不当 ②起锯时起锯角过大 ③锯削运动突然摆动过大或对锯齿过猛撞击

续表

质量问题	产生原因
锯缝歪斜	①工件安装时锯缝未能与铅垂线方向一致 ②锯条安装过松或歪斜、扭曲 ③锯削压力过大，使锯条左右偏摆 ④锯削时未扶正锯弓，或用力过猛使锯条背离锯缝中心平面

提示

当锯条局部几个齿崩裂后，应及时在砂轮上进行修整，即将相邻的2～3齿磨低成凹圆弧，如图4-34所示，并把已断的齿根磨光。如不及时处理，会使崩裂齿的后面各齿相继崩裂。

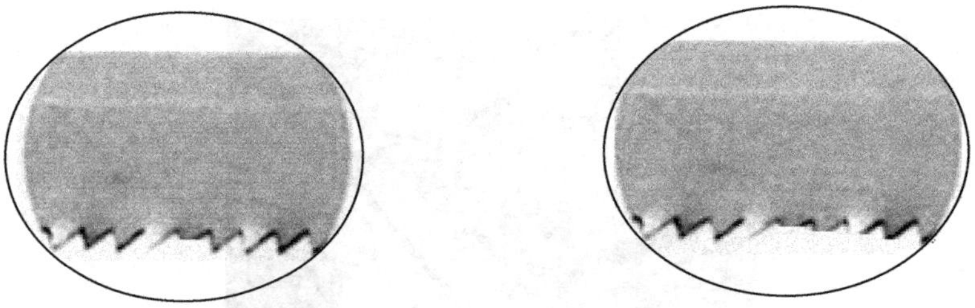

图4-34 锯齿崩裂后的修整

项目评价

一、思考题

1. 锯齿的粗细如何表示？怎样正确选择锯条的粗细？
2. 锯削时站立的姿势是怎样的？
3. 怎样才能正确安装锯条？
4. 起锯的方法有哪几种？对起锯角有什么要求？
5. 怎样才是标准的锯割动作？
6. 锯削中怎样保证锯缝平直和位置尺寸正确？
7. 怎样锯削棒料？
8. 怎样锯削薄板材？
9. 怎样锯削管子？
10. 深缝锯削的方法是什么？

二、技能训练

锯削如图4-35所示的直角块。

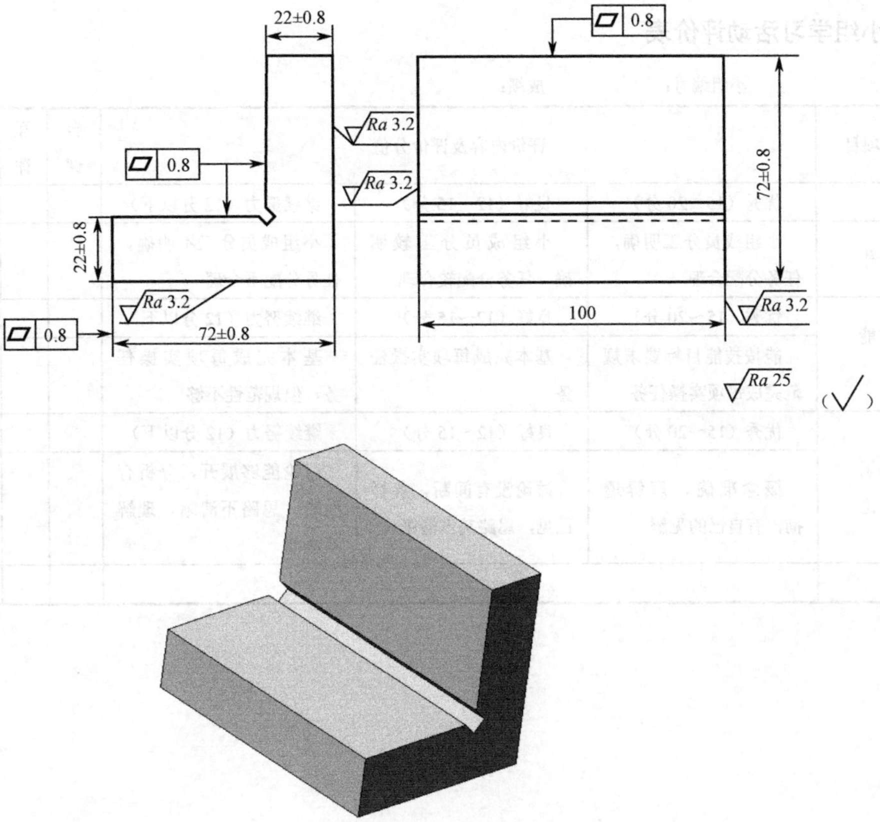

图 4-35 直角块锯削图样

三、项目评价评分表

1. 个人知识和技能评价表

班级： 姓名： 成绩：

评价方面	评价内容及要求	分值	自我评价	小组评价	教师评价	得分
项目知识内容	①掌握锯削加工的步骤与方法	10				
	②了解锯削中容易出现的问题	10				
	③掌握锯削事项	5				
项目技能内容	①会选用锯削工具、锯条的规格，并能正确安装	10				
	②掌握正确的锯削操作姿势	10				
	③了解锯条损坏原因与预防方法	10				
	④能完成扁圆钢棒料的锯削工作	25				
安全文明生产和职业素质培养	①安全、规范操作	10				
	②文明操作，不迟到早退，操作工位卫生良好，按时按要求完成实训任务	10				

2. 小组学习活动评价表

班级：　　　　　　小组编号：　　　　　　成绩：

评价项目	评价内容及评价分值			自评	互评	教师评分
	优秀（15～20 分）	良好（12～15 分）	继续努力（12 分以下）			
分工合作	小组成员分工明确，任务分配合理	小组成员分工较明确，任务分配较合理	小组成员分工不明确，任务分配不合理			
实操技能操作	优秀（15～20 分）	良好（12～15 分）	继续努力（12 分以下）			
	能按技能目标要求规范完成每项实操任务	基本完成每项实操任务	基本完成每项实操任务，但规范性不够			
基本知识分析讨论	优秀（15～20 分）	良好（12～15 分）	继续努力（12 分以下）			
	概念准确，理解透彻，有自己的见解	讨论没有间断，各抒己见，思路基本清晰	讨论能够展开，分析有间断，思路不清晰，理解不透彻			
总分						

项目五 锉削加工

用锉刀对工件表面进行切削加工，使其尺寸、形状、位置和表面粗糙度等达到要求的加工方法称为锉削，如图 5-1 所示。锉削后工件的尺寸精度可达 0.01mm，表面粗糙度可达 $Ra0.8\mu m$。

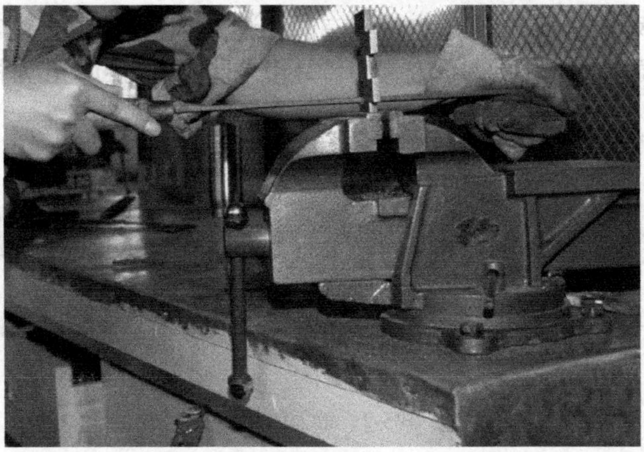

图 5-1　锉削加工

项目学习目标

	学习内容	学习方式
知识目标	①了解锉削加工的范围 ②了解锉刀的种类、规格和用途 ③掌握锉刀的选用 ④熟悉锉削质量检查方法 ⑤了解锉削注意事项	①实训（观摩）+理论 ②教师讲授、启发、引导、互动式教学
技能目标	①掌握锉刀的握法 ②掌握锉削的步骤和方法 ③学会分析解决锉削中的质量问题 ④能完成长四方块的锉削工作	教师演示，学生实训，教师巡回指导
情感目标	激发学生对钳工技术的兴趣，培养胆大心细的素养和团队合作意识	小组讨论，取长补短，相互协作

项目学习内容

活动一　锉刀的结构与选用

一、锉刀的结构

锉刀通常是用高碳钢（T13 或 T12）制成的，经热处理后其切削部分硬度可达 62～72HRC。锉刀由锉身和锉柄两部分组成，如图 5-2 所示。其上、下两面都是工作面，上面制有锋利的锉齿，起主要的锉削作用，每个锉齿都相当于一个对金属材料进行切削的切削刃。锉刀边是指锉刀的两个侧面，有的没有齿，有的一边有齿，没齿的一边叫做光边，它可保证锉削内直角的一个面时不会伤到邻面。锉刀舌是用来装锉刀柄的。锉刀柄是木质的，在安装孔的一端套有铁箍。

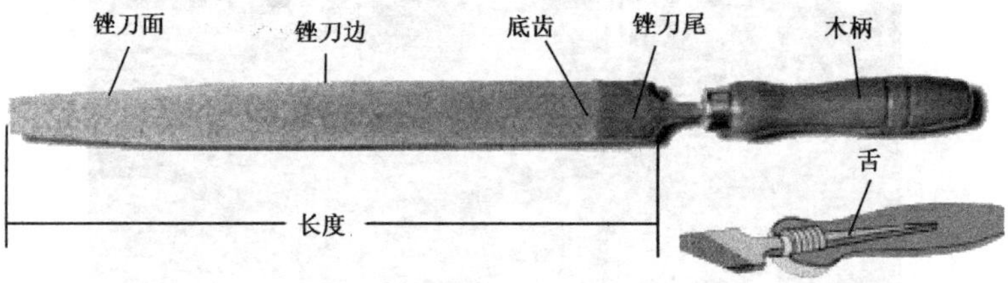

图 5-2　锉刀的结构

锉刀的锉齿纹路（也就是齿纹）有单齿纹和双齿纹两种，如图 5-3 所示。单齿纹是指锉刀上只有一个方向的齿纹，多为铣制的齿，其强度较低，锉削时较为费力，适于锉削软材料。双齿纹是指锉刀上有两个方向排列的齿纹，大多采用剁制的方法制成，其强度高，锉削时较省力，适于锉削硬工件。

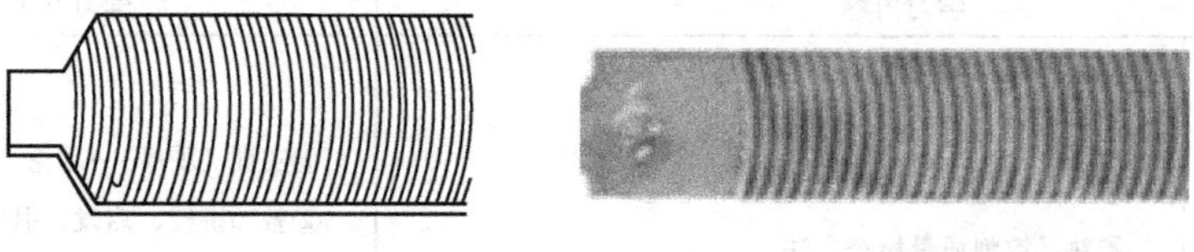

（a）单齿纹

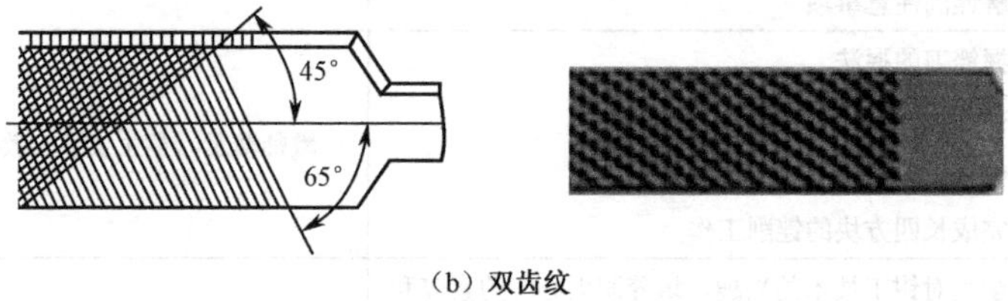

（b）双齿纹

图 5-3　锉刀的齿纹

锉刀工作时形成的切削角度如图 5-4 所示。图 5-4（a）为铣齿加工的锉齿，前角为正值，切削刃锋利，容屑槽大，楔角较小，锉齿的强度低，工作时全齿宽同时参加切削，需要很大的切削力，适用于锉削铝、铜等软材料。图 5-4（b）是剁齿加工的锉齿，锉齿交错，前角为负值，切削刃较钝，工作时起刮削作用，楔角大，强度高，适用于锉削硬钢、铸铁等硬材料。

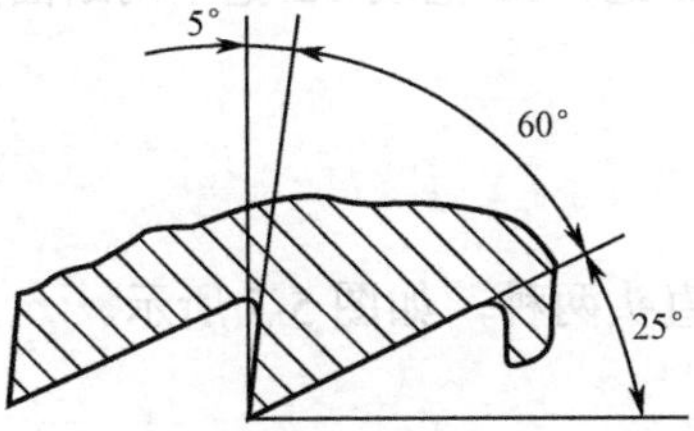

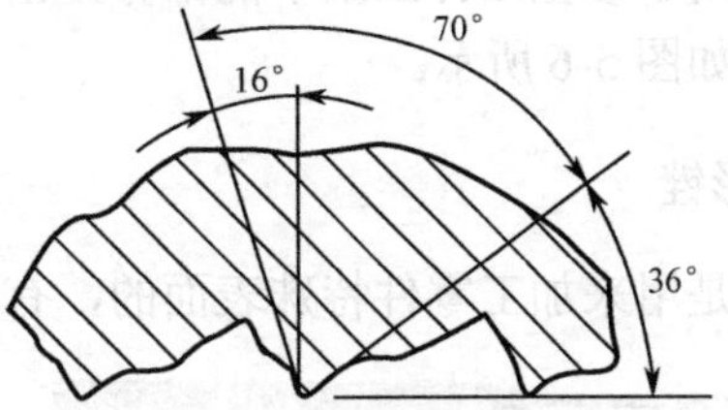

（a） 铣齿加工的锉齿　　（b） 剁齿加工的锉齿

图 5-4　锉刀的切削角度

二、锉刀的种类

锉刀可分为钳工锉、异形锉和整形锉（又称什锦锉）三类，钳工常用的是钳工锉。

1．钳工锉

钳工锉按其断面形状的不同分为齐头扁锉、尖头扁锉、矩形锉、半圆锉、圆锉和三角锉 6 种，如图 5-5 所示。

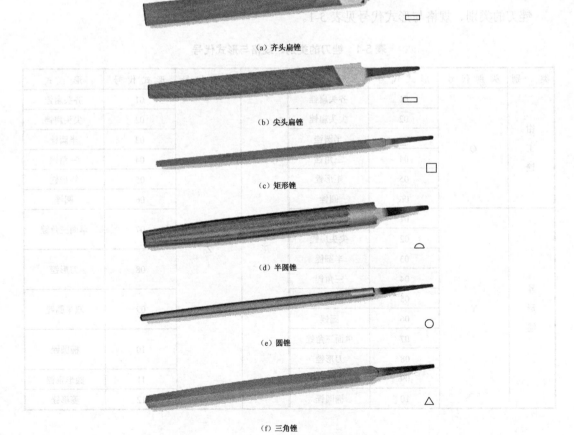

（a）齐头扁锉

（b）尖头扁锉

（c）矩形锉

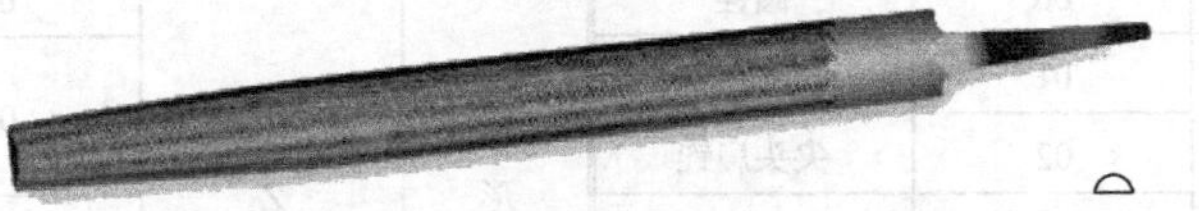

（d）半圆锉

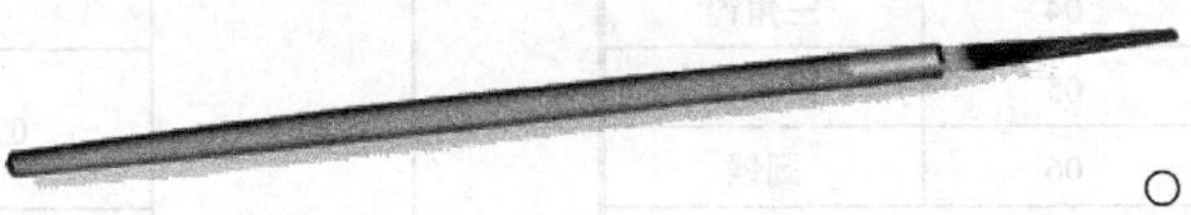

（e）圆锉

（f）三角锉

图 5-5　钳工锉的种类

2. 整形锉

整形锉用于修整工件上细小的部分，由 5 把、8 把、10 把或 12 把不同断面形状的锉刀组成一组，如图 5-6 所示。

3. 异形锉

异形锉是用来加工零件特殊表面的，有弯头和直头两种，如图 5-7 所示。

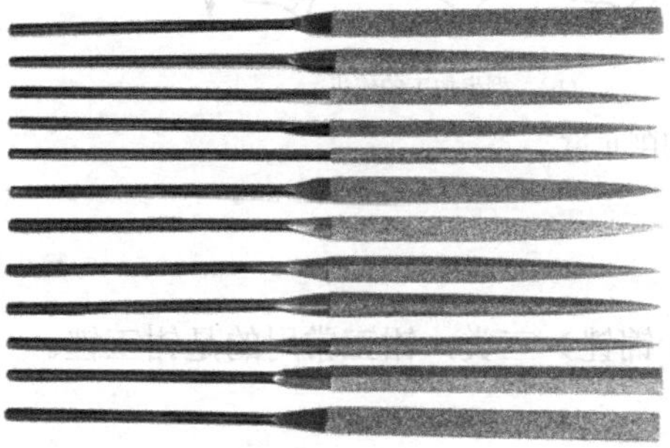

图 5-6　整形锉

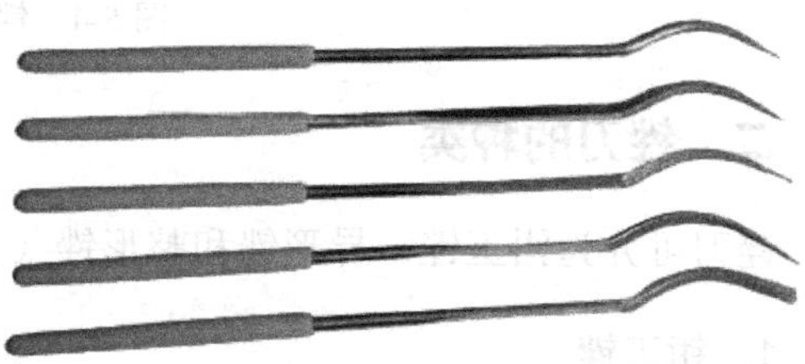

图 5-7　异形锉

三、锉刀的类别、规格与形式代号

锉刀的类别、规格与形式代号见表 5-1。

表 5-1　锉刀的类别、规格与形式代号

类　别	类别代号	形式代号	形　式	类　别	类别代号	形式代号	形　式
钳工锉	Q	01	齐头扁锉	整形锉	Z	01	齐头扁锉
		02	尖头扁锉			02	尖头扁锉
		03	半圆锉			03	半圆锉
		04	三角锉			04	三角锉
		05	矩形锉			05	矩形锉
		06	圆锉			06	圆锉
异形锉	Y	01	齐头扁锉			07	单面三角锉
		02	尖头扁锉				
		03	半圆锉			08	刀形锉
		04	三角锉				
		05	矩形锉			09	双半圆锉
		06	圆锉				
		07	单面三角锉			10	椭圆锉
		08	刀形锉				
		09	双半圆锉			11	圆形扁锉
		10	椭圆锉			12	菱形锉

提示

锉刀的其他代号规定如下：p 表示普通型，b 表示薄型，h 表示厚型，z 表示窄型，t 表示特窄型，s 表示螺旋型。

锉刀的规格用不同的参数表示。圆锉刀的规格以直径表示，方锉刀的规格以方形尺寸表示，其他锉刀的规格以锉身长度表示。例如，扁锉常用的规格有 100mm、150mm、200mm、250mm、300mm 等。

锉齿的粗细是用锉刀齿纹的齿距大小来表示的。钳工锉的锉纹参数见表 5-2。

表 5-2 钳工锉的锉纹参数

规格（mm）	主锉纹条数					辅锉纹条数
	锉纹号					
	1	2	3	4	5	
100	14	20	28	40	56	为主锉纹条数的75%~95%
125	12	18	25	36	50	
150	11	16	22	32	45	
200	10	14	20	28	40	
250	9	12	18	25	36	
300	8	11	16	22	32	
350	7	10	14	20	—	
400	6	9	12	—	—	
450	5.5	8	11	—	—	
公差	±5%（其公差值不足 0.5 条时可圆整为 0.5 条）					±8%
规格（mm）	边锉纹条数	主锉纹斜角 λ		辅锉纹斜角 ω		边锉纹斜角 θ
		1~3 号锉纹	4~5 号锉纹	1~3 号锉纹	4~5 号锉纹	
100	为主锉纹条数的 100%~120%	65°	72°	45°	52°	90°
125						
150						
200						
250						
300						
350						
400						
450						
公差	+20%	±5°				±10°

注：扁锉可制成两面边纹、一面边纹或不制边纹，三角锉、半圆锉可制成边纹。

锉刀的编号示例见表 5-3。

表 5-3 锉刀的编号示例

锉刀的编号	锉刀的类型和规格
Q-02-200-3	钳工锉类的尖头扁锉 200mm 3 号锉纹
Y-01-170-2	异形锉类的齐头扁锉 170mm 2 号锉纹
Z-04-140-00	整形锉类的三角锉 140mm 00 号锉纹
Q-03-250-1	钳工锉类的半圆厚型锉 250mm 1 号锉纹

四、锉刀的选用

每种锉刀都有它适当的用途和不同的使用场合，只有合理选择，才能充分发挥它的效能，不至于过早地丧失锉削能力。锉刀的选择取决于工件锉削余量的大小、精度要求的高低、表面粗糙度的大小和工件材料的性质。

1. 锉刀断面形状的选择

锉刀的断面形状要和工件的形状相适应，不同表面的锉削如图 5-8 所示。锉削内圆弧面时，要选择半圆锉或圆锉（小直径的工件）；锉削内直角表面时，可以选用扁锉等。选用扁锉锉削内直角表面时，要注意没有齿的窄面（光边）靠近内直角的一个面，以免碰伤该直角表面。

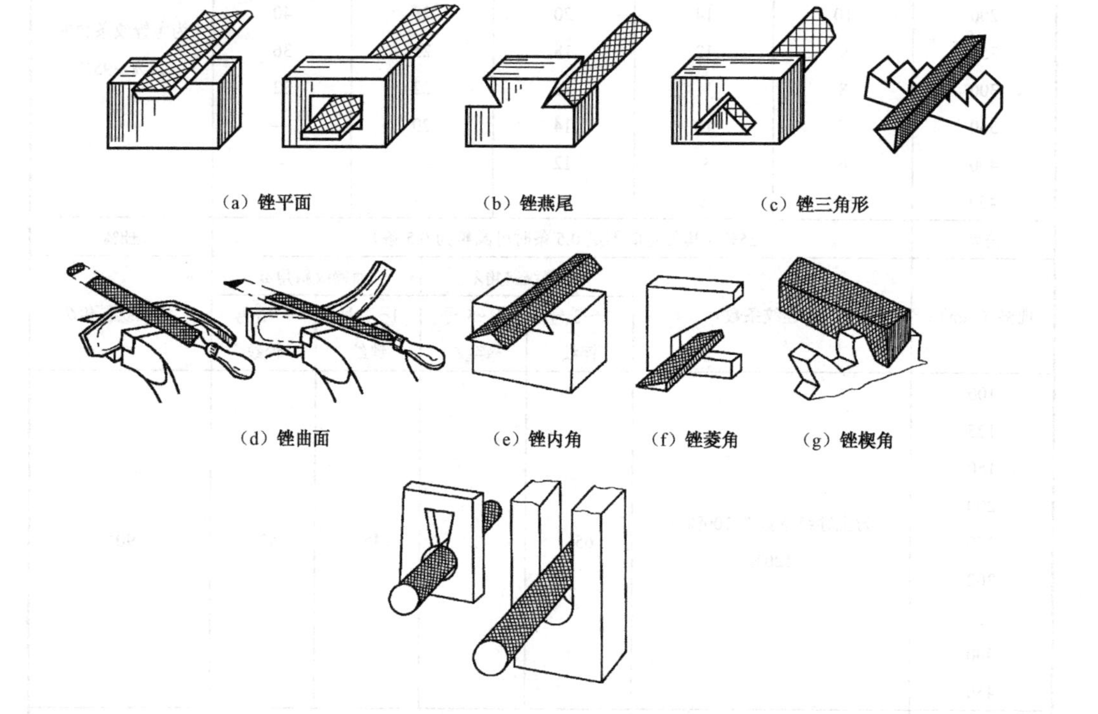

（a）锉平面 （b）锉燕尾 （c）锉三角形

（d）锉曲面 （e）锉内角 （f）锉菱角 （g）锉楔角

（h）锉圆孔

图 5-8 不同表面的锉削

2. 锉刀齿粗细的选择

锉刀齿的粗细要根据被加工工件的余量大小、加工精度、材料性质来选择。粗齿锉刀适用于加工余量大、尺寸精度低、形位公差大、表面粗糙度大、材料软的工件；反之应选择细齿锉刀。各种锉刀的加工范围见表 5-4，使用时，要根据工件要求的加工余量、尺寸精度和表面粗糙度 *Ra* 来选择。

表 5-4 各种锉刀的加工范围

锉 刀	适 用 场 合		
	加工余量（mm）	尺寸精度（mm）	表面粗糙度 *Ra*（μm）
粗锉	0.5～1	0.2～0.5	100～25
中锉	0.2～0.5	0. 05～0.2	12.5～6.3
细锉	0. 05～0.2	0.01～0.05	12.5～3.2

3．锉刀尺寸规格的选用

锉刀尺寸规格应根据被加工工件的尺寸和加工余量来选用。加工尺寸大、余量大时，要选用大尺寸规格的锉刀，反之要选用小尺寸规格的锉刀。

4．锉刀齿纹的选用

锉刀齿纹要根据被锉削工件材料的性质来选用。锉削铝、铜、软钢等软材料工件时，最好选用单齿纹（铣齿）锉刀（或者选用粗齿锉刀）。单齿纹锉刀前角大，楔角小，容屑槽大，切屑不易堵塞，切削刃锋利，容易锉削。锉削硬材料或精加工工件时，要选用双齿纹（剁齿）锉刀（或细齿锉刀）。双齿纹锉刀的每个齿交错不重叠，锉刀平整，锉痕均匀、细密，锉削的表面精度高。

提示

① 不可用锉刀锉削毛坯的硬皮及淬硬的表面，否则锉纹很快就会被磨损，使锉刀丧失锉削能力。

② 锉刀应先用一面，用钝后再用另一面。锉削过程中，只允许推进时对锉刀施加压力，返回时不得加压，以避免锉刀加速磨损、变钝。

③ 锉刀严禁接触油脂或水，锉削中不得用手摸锉削表面，以免锉削时锉刀在工件上打滑，无法锉削，或齿面生锈，损坏锉齿的切削性能。沾有油脂的锉刀一定要用煤油清洗干净，涂上白粉。

④ 锉刀用完后，要用锉刷或铜片顺着齿纹方向将切屑刷去，如图 5-9 所示，以免切屑堵塞，使锉刀的切削性能降低。

图 5-9 用钢丝刷清除锉刀切屑

⑤ 锉刀不可当锤子或撬杠使用，因为锉刀经热处理淬硬后，其性能变脆，受冲击或弯曲时容易断裂。

⑥ 锉刀存放时严禁与硬金属或其他工具互相重叠堆放，以免碰坏锉刀的锉齿或锉伤其他工具。

活动二　锉削的操作方法

一、锉削安全生产常识

① 不可使用无柄或木柄裂开的锉刀，用无柄的锉刀会刺伤手腕，用木柄裂开的锉刀会夹破手心，如图 5-10 所示。

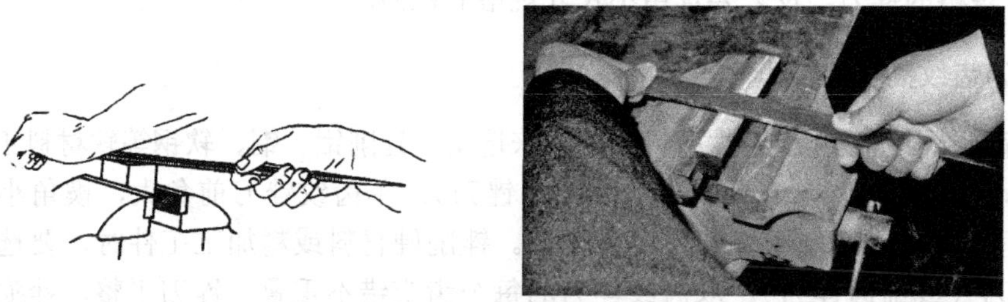

(a) 用无柄锉刀

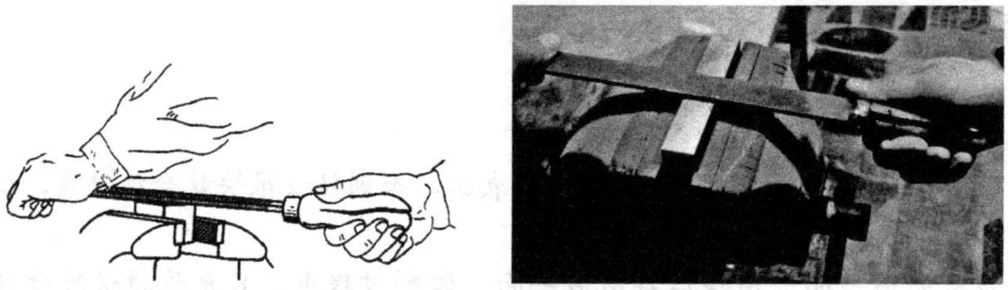

(b) 用木柄裂开的锉刀

图 5-10　使用无柄或木柄裂开的锉刀

② 锉削时，不可将锉刀柄撞击到工件上，否则手柄会突然脱开，锉刀尾部会弹起而刺伤人体，如图 5-11 所示。

③ 锉削时的切屑只能用刷子刷去，不可用嘴吹，防止切屑飞入眼中。

④ 不可用手清除切屑，以防刺伤手；也不能用手去摸工件锉过的表面，因为容易引起表面生锈。

⑤ 锉刀放置时，不要露在钳台外面，以防锉刀落下砸伤脚和摔断锉刀。

二、锉刀柄的装拆

使用锉刀前应安装好锉刀柄。安装锉刀柄的方法有两种，一种是利用锉刀自重蹾入锉刀木柄，另一种是利用锤子敲击木柄安装，如图 5-12 所示。

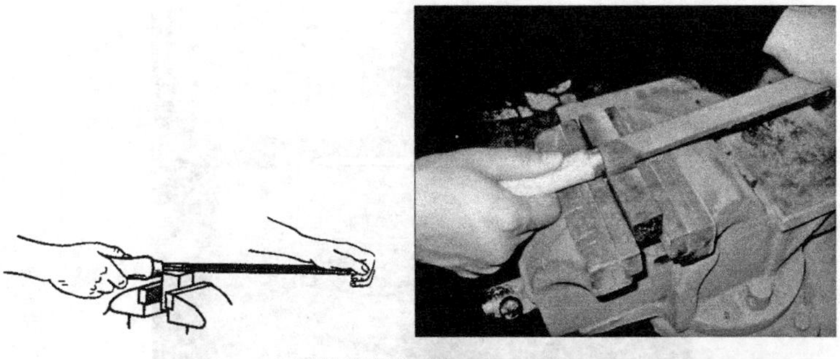

(a) 锉刀柄撞击工件

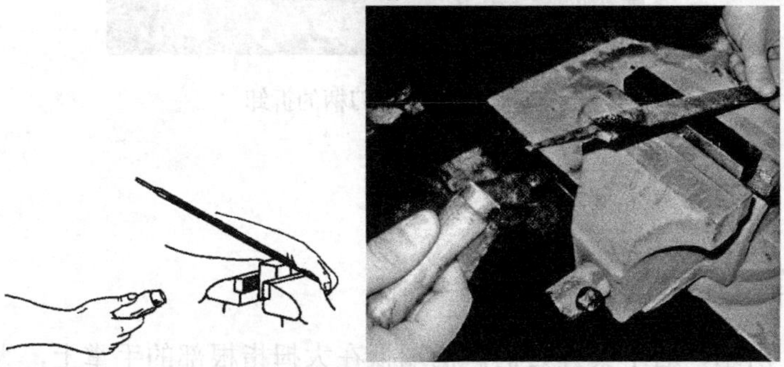

(b) 锉刀柄脱开锉刀尾弹起

图 5-11 锉刀的不慎使用

(a) 利用锉刀自重蹾入

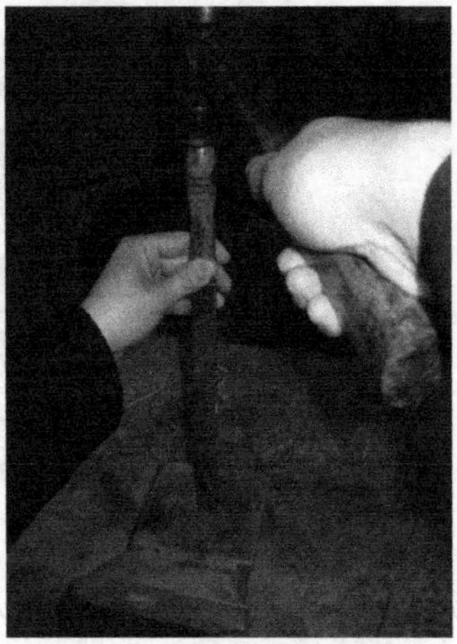

(b) 锤子敲击装入

图 5-12 锉刀柄的安装

提示

安装锉刀木柄时，用力要适当，且木柄上一定要有铁箍，以防止木柄被锉刀胀裂而报废。

若要拆下锉刀柄，则用两手持锉刀，快速向右撞击台虎钳砧台边缘，利用锉刀冲击惯性脱出锉刀柄，如图 5-13 所示。

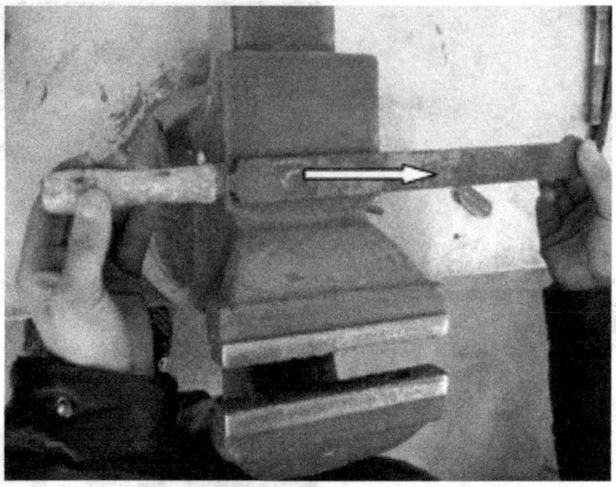

图 5-13　锉刀柄的拆卸

三、锉削的姿势

1. 锉刀的握法

如图 5-14 所示，右手紧握刀柄，柄端抵在大拇指根部的手掌上，大拇指放在刀柄上部，其余手指由下而上握着刀柄；左手的基本握法是将拇指根部的肌肉压在锉刀头上，拇指自然伸直，其余四指弯向手心，用中指、无名指捏住锉刀前端。锉削时右手推动锉刀并决定推动方向，左手协同右手使锉刀保持平衡。

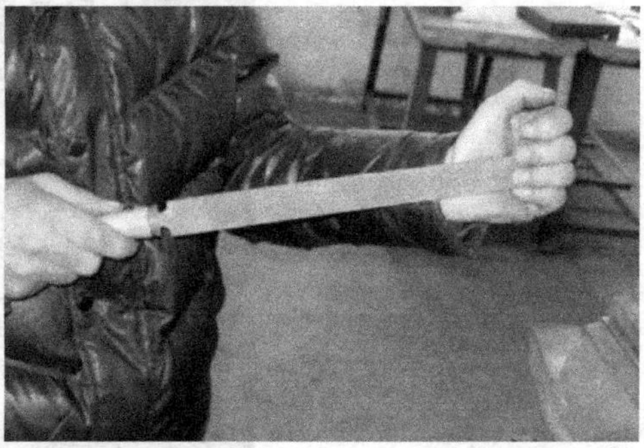

图 5-14　锉刀的一般握法

锉刀的种类很多，锉刀的握法也随锉刀的大小与使用场合的不同而改变，见表 5-5。

表 5-5　不同锉刀的握法

锉刀类型规格	握法要领	图　示
较大的锉刀	右手心抵着锉刀柄的端面，大拇指放在锉刀柄的上面，其余四指放在下面。左手的掌部压在锉刀前端上面，拇指自然伸直，其余四指弯向手心，用食指、中指捏住锉刀前端	
	右手心抵着锉刀柄的端面，左手掌心压在锉刀面上	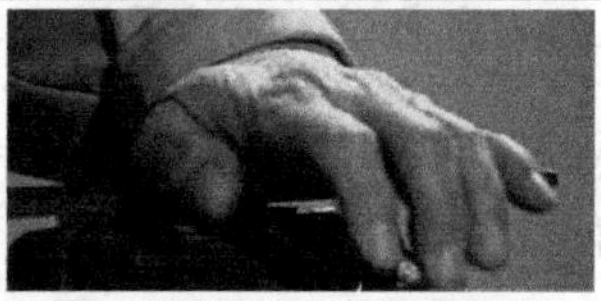

续表

锉刀类型规格	握法要领	图示
较大的锉刀	右手心抵着锉刀柄的端面，左手大拇指根部压住锉面	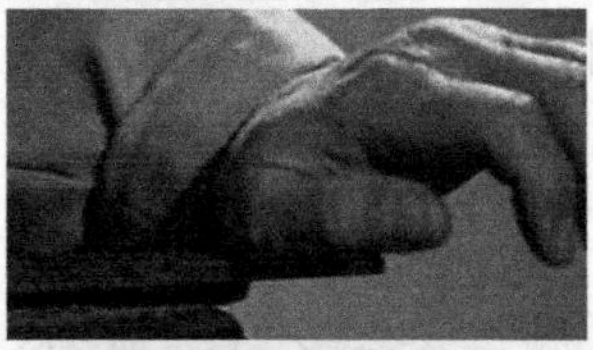
中型锉刀	右手握法与较大锉刀的握法一样，左手只用大拇指和食指捏住锉刀的前端	
较小的锉刀	用左手的几个手指压在锉刀的中部，右手食指伸直靠住锉刀边	

2．锉削的姿势

（1）站立的位置

锉削时，操作者站在台虎钳左斜侧，左脚跨前半步，右脚在后，两腿自然站立，如图 5-15 所示。

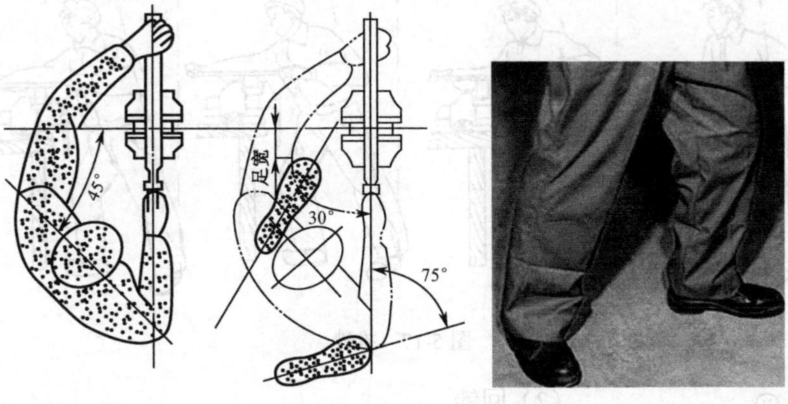

图 5-15　锉削时的站立位置

（2）站立姿势

锉削时，两脚站稳，身体稍向前倾，重心放在左脚上，身体靠左膝弯曲，两肩自然放平，目视锉削面，右小臂与锉刀成一直线，并与锉刀面平行，左小臂与锉削面基本保持平行，如图 5-16 所示。

3．锉削的过程

锉削的过程就是推锉和回锉。

（1）推锉

推锉开始时，身体向前倾斜 10° 左右，右肘尽量收缩，最初 1/3 行程时，身体前倾至 15°

左右，左膝稍有弯曲；锉至 2/3 行程时，右肘向前推进锉刀，身体逐渐倾斜至 18° 左右；锉至最后 1/3 行程时，右肘继续推进锉刀，身体则随锉削时的反作用力自然地退回至 15° 左右，如图 5-17 所示。

图 5-16 锉削时的站立姿势

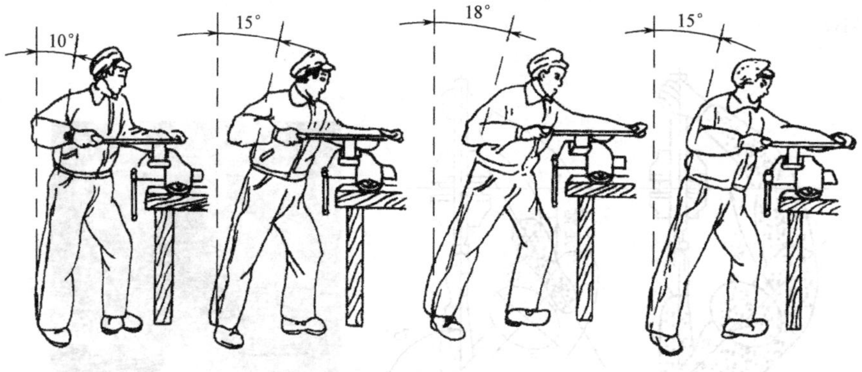

图 5-17 推锉

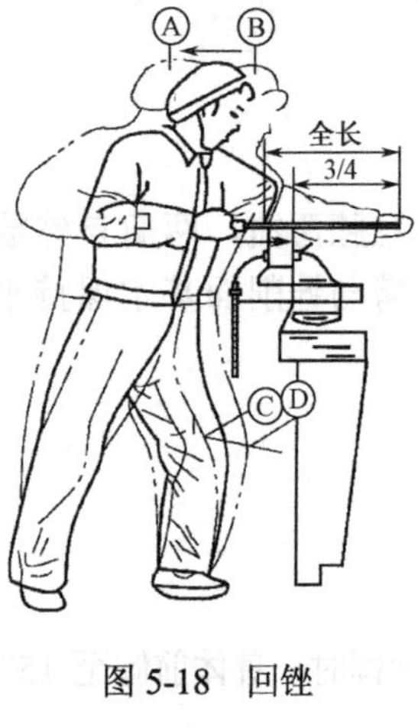

图 5-18 回锉

（2）回锉

当推锉完成后，两手顺势将锉刀提高至锉削的表面平行收回，此时两手不加力。当回锉结束后，身体仍然前倾，进行第二次锉削，如图 5-18 所示。

4．锉削力的运用

推进锉刀时两手加在锉刀上的压力应保证锉刀平稳而不上下摆动，这样才能锉出平整的平面。推进锉刀时的推力大小主要由右手控制，而压力大小则由两手控制。

保持锉刀平稳前进应满足以下条件：

① 锉刀在工件上任意位置，锉刀前后两端所受力矩应相等。

② 由于锉刀的位置是不断变化的，因此两手所加的压力也应随之做相应的改变。

③ 锉刀推进时，左手所加压力由大逐渐减小，右手所加压力由小逐渐增大，如图 5-19 所示。

④ 回程时不应加压力，以减少锉齿的磨损。

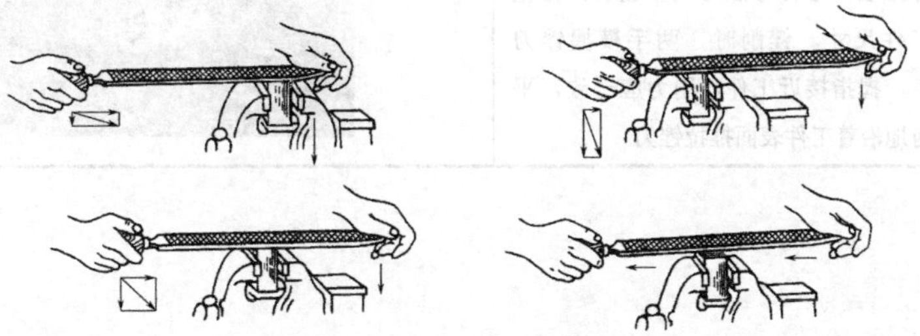

图 5-19　锉平面时的两手用力

提示

锉削时的往返速度一般为 30～60 次/分钟，速度太快易产生疲劳和加快锉齿磨损。

5. 锉削的方法

锉削的方法有直锉法、交叉锉法和推锉法，见表 5-6。

表 5-6　锉削的方法

方　法	说　明	图　示
直锉法	直锉法是普通的锉削方法，锉刀的运动是单方向的。为了能均匀地锉削工件表面，每次退回锉刀后，锉刀的位置较前一次向左（或向右）移动 5～10mm。锉窄平面时，锉刀可沿着工件长度方向直锉而不必移动	
交叉锉法	交叉锉法是粗锉削大平面时最常用的方法，锉刀的运动方向是交叉的，因此，工件的锉面上能显示出高低不平的痕迹，这样容易锉出准确的平面。一般在平面没有锉好时多用交叉锉法来锉平	 

续表

方法	说明	图示
推锉法	推锉法是在工件表面已锉平，加工余量较少且将要达到要求时采用的一种方法。这种方法可顺直锉纹，修正工件尺寸。锉削时，两手横握锉刀身，拇指接近工件，用力应一致，平衡地沿着工件表面推拉锉刀	

提示

在锉削平面时，无论采用直锉法还是交叉锉法，为了使整个加工表面能被均匀地锉削到，一般在每次抽回锉刀时要向旁边略微移动，如图 5-20 所示。

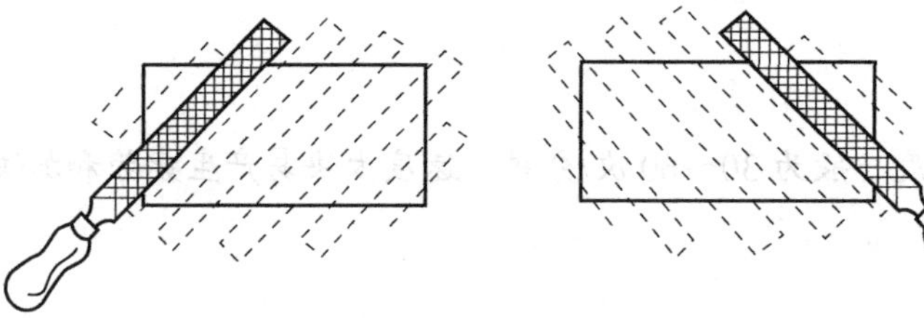

图 5-20　移动锉刀

6. 各种工件表面的锉法

各种工件表面的锉法见表 5-7。

表 5-7　各种工件表面的锉法

锉削表面		说明	图示
平面	较大平面	锉削较大的平面时，工件一般夹在台虎钳中，用交叉法和顺向锉的方法加工。当所要锉削面的长度和宽度都超过锉刀长度时，一般的锉刀就不能进行锉削加工了，这时要在锉刀上装上一个弓形手柄，这样就能锉削很大的平面了	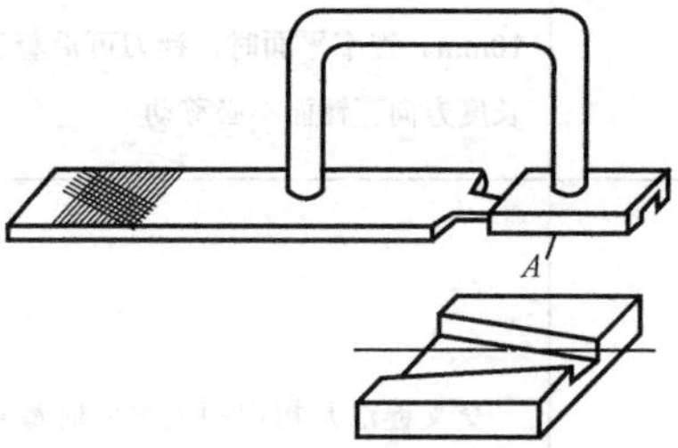
平面	窄面	锉薄板上的窄面时，较小的薄板可直接装夹在台虎钳中，但宽而长的工件就没法夹在台虎钳中，因而必须用夹板夹住，且工件不能露出太多，再把夹板夹在台虎钳钳口内。锉削时使锉刀与工件锉削面成一定的角度，斜着进行锉削，以减少工件的抖动	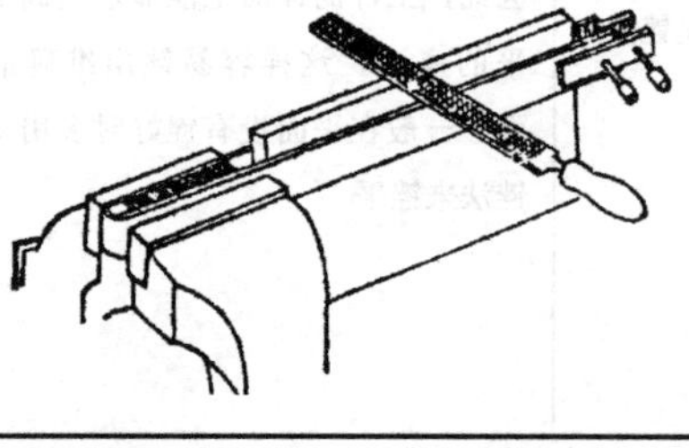

续表

锉削表面		说明	图示
孔		孔的锉削形式有方孔、圆孔和三角形孔等。锉削时根据不同形面的特征选用不同的断面和规格的锉刀进行锉削	
圆弧面	凸圆弧	凸圆弧一般采用平锉顺着圆弧的方向锉削。在锉刀作前进运动的同时，还应绕工件的圆弧中心摆动。摆动时，右手把锉刀柄部往下压，左手把锉刀前端向上提，这样锉出的圆弧面不会出现棱边	 
	凹圆弧	凹圆弧一般采用圆锉或半圆锉进行锉削。锉削时，锉刀要同时完成三个运动：前进运动、向左或向右移动以及绕锉刀中心线转动（按顺时针或逆时针方向转动约90°）。三种运动须同时进行才能锉好凹圆弧	
圆柱面		锉刀同时完成前进和绕圆柱面中心转动两个运动	 
球面		锉刀将直向和横向两种曲面锉法结合起来进行锉削	

提示

锉削曲面时，要经常用半径样板进行检查，直至达到图样要求，如图 5-21 所示。

（a）圆弧面的检查

（b）圆球的检查

图 5-21　曲面的检查

活动三　锉削长四方块

长四方块的锉削图样如图 5-22 所示。

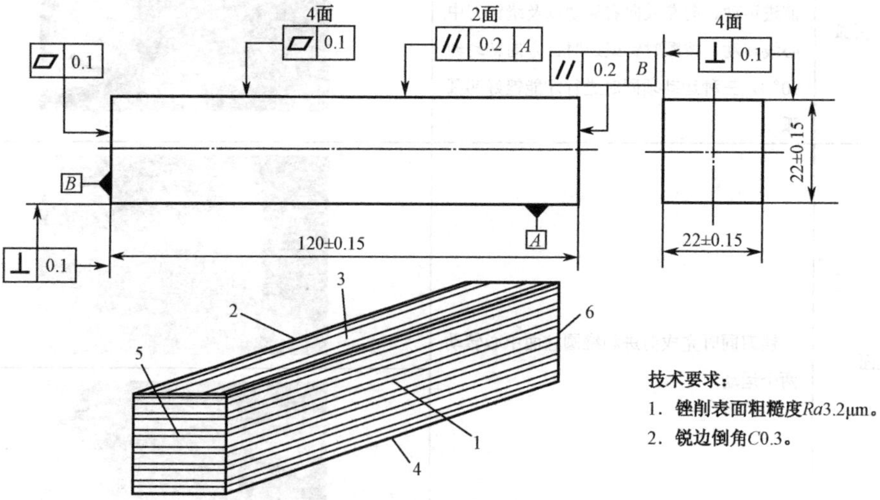

图 5-22　长四方块锉削图样

一、图样分析

1．尺寸公差

图 5-22 中锉削的尺寸要求为（22±0.15）mm×（22±0.15）mm×（120±0.15）mm。本活动任务是将工件的四方基本尺寸 24mm 锉削至 22mm，因而单边锉削余量为（24−22）/2=1mm。

2. 形位公差

图 5-22 中[⫽|0.2|A]是两个平行平面的平行度公差要求，表示零件加工表面的被测表面必须位于距离为 0.2mm 且平行于基准面的两个理想平行平面之间。零件平面度要求为[▱|0.1]，垂直度要求为[⊥|0.1]。

二、材料与工量具准备

1. 材料

材料按锯削工件，为 24mm×24mm×122mm 的 45 钢。

2. 工量具

选用 0.02mm/（0～150）mm 的游标卡尺、0～25mm 千分尺、刀口形直尺、90° 角尺、高度尺、锉刀，如图 5-23 所示。

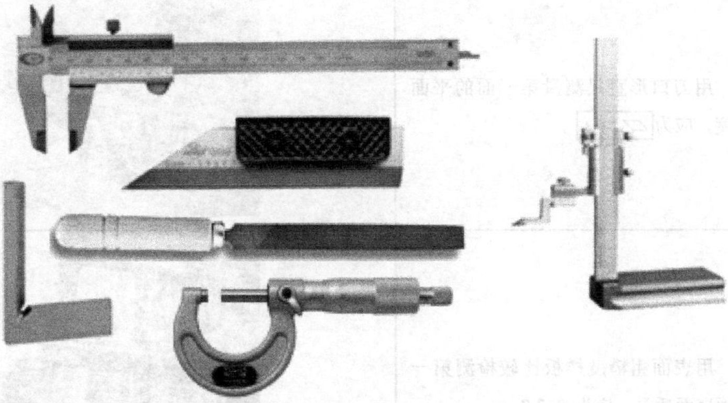

图 5-23 工量具准备

三、锉削操作

长四方块的锉削操作见表 5-8。

表 5-8 长四方块的锉削操作

加工步骤	操作说明	图示
装夹工件	将工件夹在台虎钳钳口宽度的中间，锉削面高出钳口平面约 12mm，并处于水平位置	

续表

加工步骤		操作说明	图示
锉削第一面	粗锉	采用直锉法对工件进行粗锉（留粗锉余量 0.3mm）	
	精锉	当锉削面基本平整后即进入精锉。精锉时采用推锉法，以 0.1mm 的锉削量进行	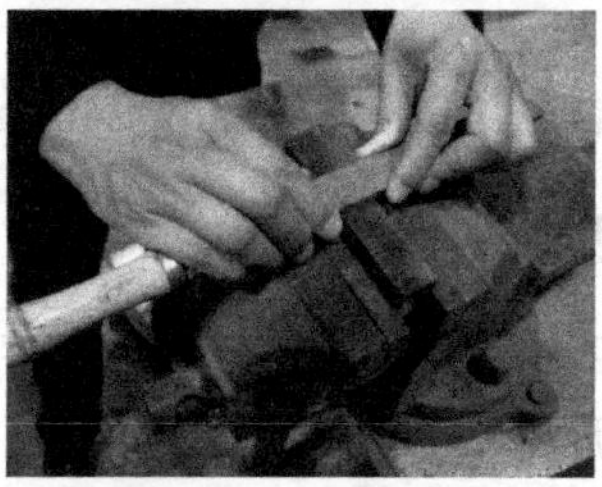
检测		用刀口形直尺测量第一面的平面度，应为 ▱ 0.1	
		用表面粗糙度样板比较检测第一面表面质量，应为 *Ra*3.2μm	
		用游标卡尺测量工件尺寸大致为 23mm	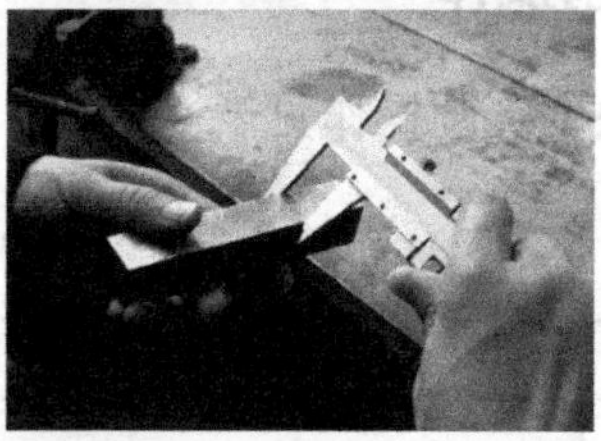
锉削第二面	划线	以加工好的第一面为基准放置于划线平台上，用高度尺划出相距 22mm 的第二面加工线	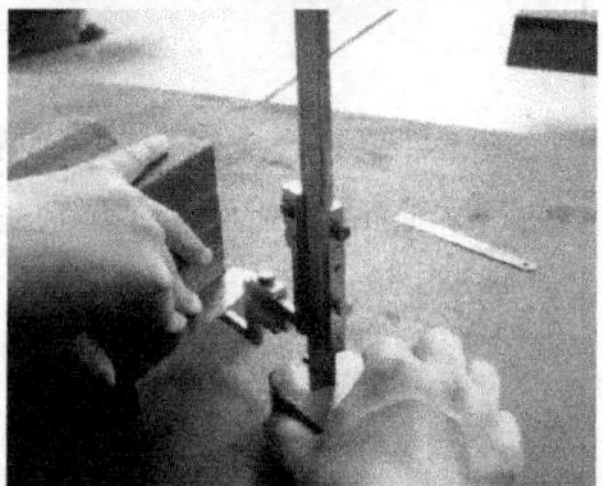

续表

加工步骤		操作说明	图示
锉削第二面	锉削	用相同的方法进行第二面（第一面的对面）的锉削，保证对边尺寸22±0.15mm	
	测量	除用上述方法检测工件平面度、表面粗糙度外，还应用千分尺检测工件对边尺寸 22±0.15mm 和平行度误差 ∥ 0.2 A	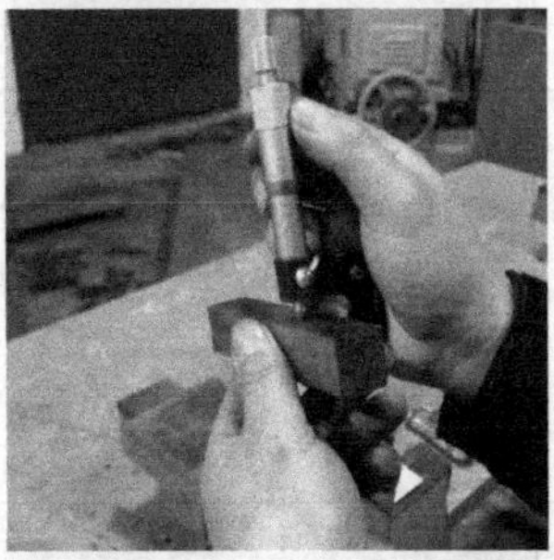
锉削第三面	装夹工件	使用软钳口装夹工件	
	锉削	采用与锉削第一面相同的方法锉削第三面	
	检测	除要符合尺寸、平面度、表面粗糙度要求外，锉削中还应经常用 90°角尺检测第三面与第一面的垂直度，其要求为 ⊥ 0.1	
锉削第四面		工件的装夹方式与锉削第三面时相同，然后采用与锉削第二面相同的方法锉削，但在锉削过程中应检测与第一面的垂直度，其他技术要求与锉削第二面时相同	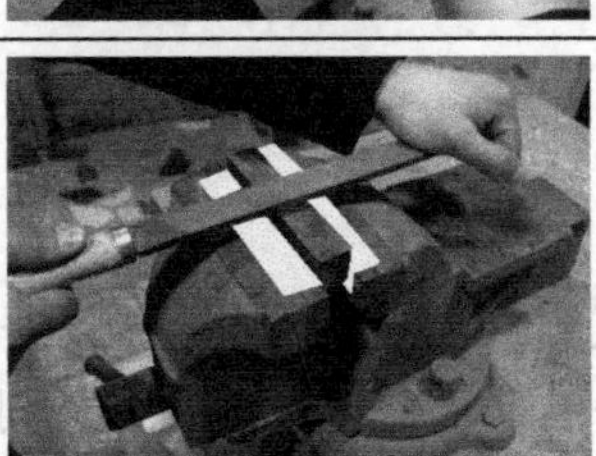

续表

加工步骤		操作说明	图示
锉削第五面	装夹工件	采用软钳口装夹工件，保证工件高于钳口 20mm 左右	
	锉削	选用较小的锉刀，采用与锉削第三面相同的方法锉削	
锉削第六面	划线	以加工好的第五面为基准，用高度尺划出相距 120mm 的第六面的加工线	
	锉削	采用与第二面、第四面相同的方法锉削至图样要求尺寸 120±0.15mm，平面度为 [⏥ 0.1]，平行度为 [∥ 0.2 B]，表面粗糙度为 *Ra*3.2μm	
倒角		工件以对角装夹在台虎钳上，采用推锉法倒角 *C*0.3	

提示

用千分尺测量时，要多点测量两平面间的尺寸。测量所得到的最大尺寸与最小尺寸的差值，即为两平面的平行度误差。一般测量平面间的尺寸，应在工件的四角和中间共测 5 点，如图 5-24 所示。如平面尺寸较大，则可测量更多点。

图 5-24　多点测量

用 90° 角尺检测第三面与第一面的垂直度前，应先用锉刀轻轻地将工件上的锐边或毛刺锉钝，如图 5-25 所示。

图 5-25　去锐边或毛刺

在精锉时，可在锉刀的齿面上均匀涂上粉笔灰，如图 5-26 所示，以使每锉的切削量减少，还可使切屑不易嵌入锉刀齿纹内，从而避免拉伤表面。

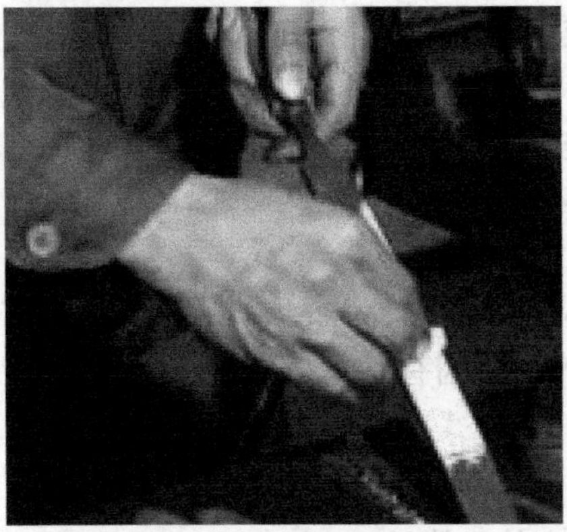

图 5-26　在锉刀上涂粉笔灰

四、锉削质量分析

锉削质量分析见表 5-9。

表 5-9 锉削质量分析

质量情况	原因分析
工件尺寸锉小	①划线不准确 ②锉削时未及时测量 ③测量有误差
平面中凸、塌边、塌角	①操作不熟练，用力不均匀，不能使锉刀平衡 ②锉刀选用不当或锉刀中间凹 ③左手或右手施加压力时重心偏于一侧 ④工件未夹正或使用的锉刀扭曲变形 ⑤锉刀在锉削时左右移动不均匀
表面粗糙度差	①精锉时未采取好的措施 ②粗锉时锉痕太深，精锉时余量过小，无法锉除原有锉痕 ③切屑嵌在锉刀齿纹中未及时清除，拉伤表面
工件表面夹伤	①装夹已加工面时没采用软钳口 ②夹紧力过大

项目评价

一、思考题

1. 什么是锉削？
2. 锉刀有几种？如何根据加工工件正确选择锉刀？
3. 锉刀的粗细规格用什么表示？锉刀的尺寸规格如何表示？
4. 怎样装拆锉刀？
5. 不同类型的锉刀，其手握法有什么不同？
6. 保持锉刀平稳前进应满足什么条件？
7. 锉削有哪几种方法？
8. 不同工件表面，其锉削的方法有什么不同？
9. 锉削时的安全注意事项是什么？
10. 如何维护锉刀？
11. 什么是多点测量？应注意什么？
12. 锉削的质量问题与产生原因有哪些？

二、技能训练

锉削如图 5-27 所示的长方体工件。

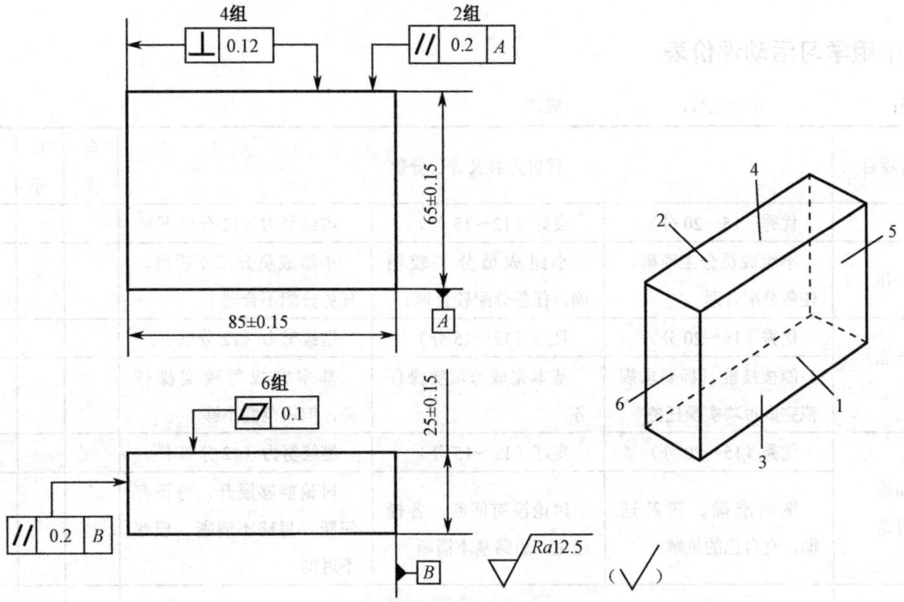

图 5-27 长方体工件

三、项目评价评分表

1. 个人知识和技能评价表

班级： 姓名： 成绩：

评价方面	评价内容及要求	分值	自我评价	小组评价	教师评价	得分
项目知识内容	①了解锉削加工的范围	5				
	②了解锉刀的种类、规格和用途	10				
	③掌握锉刀的选用	10				
	④熟悉锉削质量检查方法	5				
	⑤了解锉削注意事项	5				
项目技能内容	①掌握锉刀的握法	5				
	②掌握锉削的步骤和方法	10				
	③学会分析解决锉削中的质量问题	10				
	④能完成长四方块的锉削工作	20				
安全文明生产和职业素质培养	①安全、规范操作	10				
	②文明操作，不迟到早退，操作工位卫生良好，按时按要求完成实训任务	10				

2. 小组学习活动评价表

班级：　　　　　　小组编号：　　　　　　成绩：

评价项目	评价内容及评价分值			自评	互评	教师评分
	优秀（15～20分）	良好（12～15分）	继续努力（12分以下）			
分工合作	小组成员分工明确，任务分配合理	小组成员分工较明确，任务分配较合理	小组成员分工不明确，任务分配不合理			
实操技能操作	优秀（15～20分）	良好（12～15分）	继续努力（12分以下）			
	能按技能目标要求规范完成每项实操任务	基本完成每项实操任务	基本完成每项实操任务，但规范性不够			
基本知识分析讨论	优秀（15～20分）	良好（12～15分）	继续努力（12分以下）			
	概念准确，理解透彻，有自己的见解	讨论没有间断，各抒己见，思路基本清晰	讨论能够展开，分析有间断，思路不清晰，理解不透彻			
总分						

项目六　孔　加　工

孔加工在机械加工中是一项重要的加工工艺，钳工工艺中孔加工主要指钻孔、扩孔、铰孔、锪孔等，如图 6-1 所示。本项目只介绍钻孔和铰孔。

（a）钻孔

（b）铰孔

图 6-1　孔加工

项目学习目标

学习内容		学习方式
知识目标	①熟知标准麻花钻的结构 ②会判断麻花钻的刃磨质量 ③掌握钻削时钻削用量的选择 ④掌握铰削时铰削用量的选择	①实训（观摩）+理论 ②教师讲授、启发、引导、互动式教学
技能目标	①掌握麻花钻的刃磨方法 ②能正确使用钻床对工件进行钻孔 ③掌握钻、铰孔的方法和步骤 ④学会分析解决钻、铰削中的质量问题 ⑤能完成长四方块的钻、铰孔工作	教师演示，学生实训，教师巡回指导
情感目标	激发学生对钳工技术的兴趣，培养胆大心细的素养和团队合作意识	小组讨论，取长补短，相互协作

项目学习内容

活动一　麻花钻及其刃磨

一、麻花钻的结构

麻花钻是钻孔最常用的刀具，一般用高速钢制成，它由工作部分、颈部和柄部组成，如

图 6-2 所示。

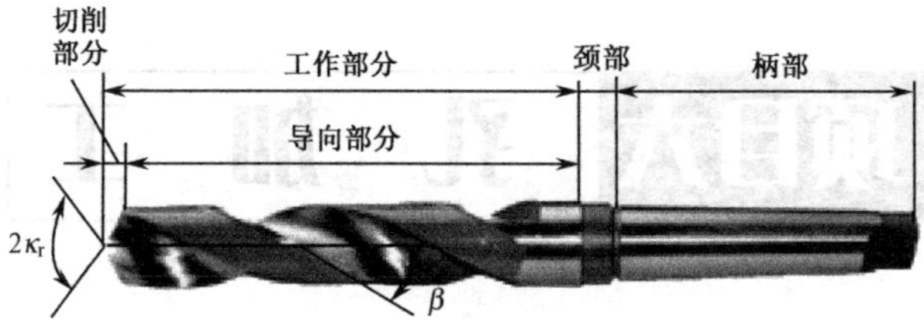

图 6-2 麻花钻的结构

由于高速切削的发展，镶硬质合金的麻花钻也得到了广泛的应用，如图 6-3 所示。

图 6-3 镶硬质合金的麻花钻

1．工作部分

工作部分是麻花钻的主要切削部分，由切削部分和导向部分组成。切削部分主要起切削作用；导向部分在钻削过程中能起到保持钻削方向、修光孔壁的作用，同时也是切削的后备部分。

2．颈部

直径较大的麻花钻在颈部标有麻花钻的直径、材料牌号与商标，如图 6-4 所示。直径较小的直柄麻花钻没有明显的颈部。

3．柄部

麻花钻的柄部在钻削时起夹持定心和传递转矩的作用。麻花钻的柄部有直柄和莫氏锥柄两种，如图 6-5 所示。直柄麻花钻的直径一般为 0.3～16mm，莫氏锥柄麻花钻的直径见表 6-1。

图 6-4 麻花钻颈部的标记

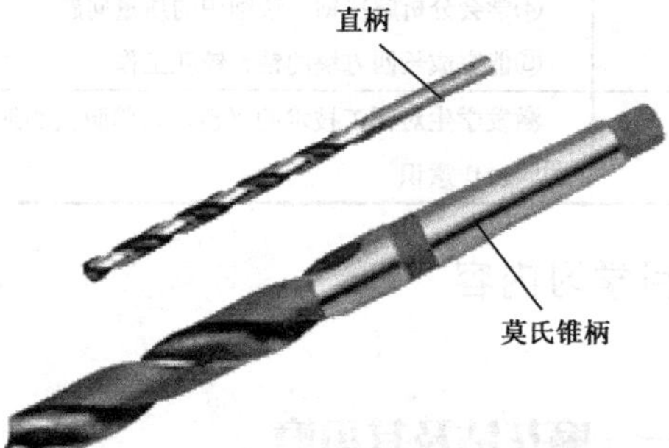

图 6-5 麻花钻柄部的形式

表 6-1 莫氏锥柄麻花钻的直径

莫氏锥柄号	No.1	No.2	No.3	No.4	No.5	No.6
钻头直径 d（mm）	3～14	14～23.02	23.02～31.75	31.75～50.8	50.8～75	75～80

二、麻花钻切削部分的几何形状与角度

麻花钻切削部分的几何形状与角度如图 6-6 所示。它的切削部分可看成正反两把车刀，所以其几何角度的概念和车刀基本相同，但也有其特殊性。

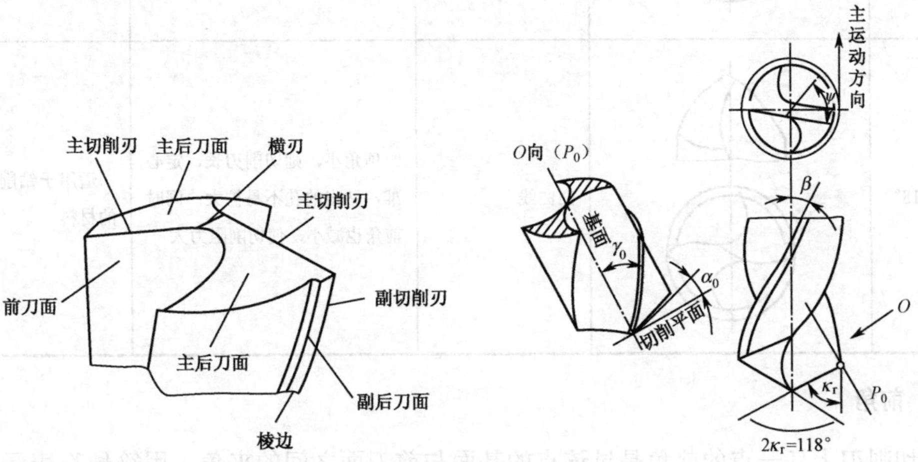

（a）几何形状　　（b）角度

图 6-6 麻花钻切削部分的几何形状与角度

1．顶角

在通过麻花钻轴线并与两条主切削刃平行的平面上，两条主切削刃投影间的夹角称为顶角，用符号 $2\kappa_r$ 表示。一般麻花钻的顶角 $2\kappa_r$ 为 100°～140°，标准麻花钻的顶角 $2\kappa_r$ 为 118°。在刃磨麻花钻时可根据表 6-2 来判断麻花钻顶角的大小。

表 6-2 麻花钻顶角的大小对切削刃和加工的影响

顶角 $2\kappa_r$	图　示	切削刃形状	对加工的影响	适　用
>118°	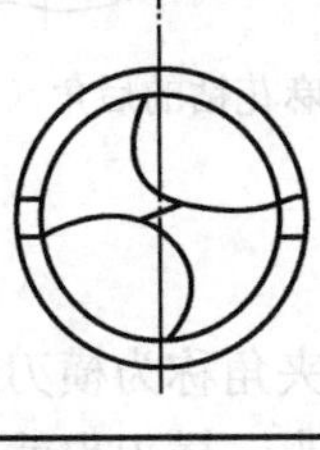	凹曲线	顶角大，则切削刃短，定心差，钻出的孔容易扩大；同时前角也增大，使切削省力	适用于钻削较硬的材料

续表

顶角 $2\kappa_r$	图　　示	切削刃形状	对加工的影响	适　　用
=118°	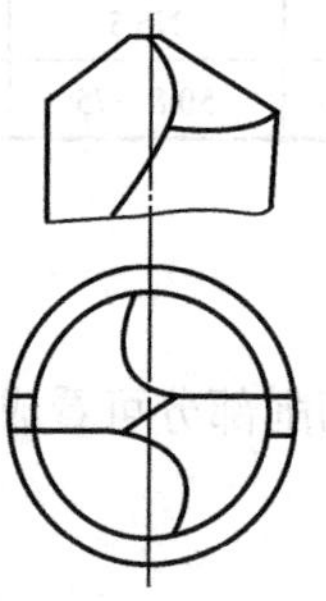	直线	适中	适用于钻削中等硬度的材料
<118°	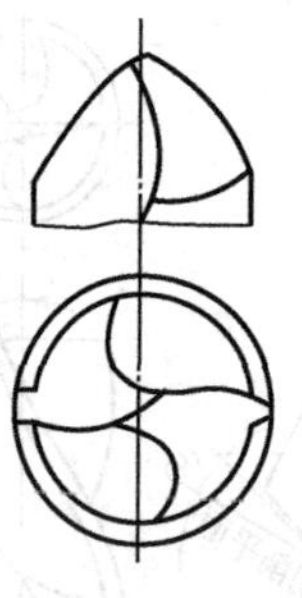	凸曲线	顶角小，则切削刃长，定心准，钻出的孔不易扩大；同时前角也减小，使切削阻力大	适用于钻削较软的材料

2．前角

主切削刃上任一点的前角是过该点的基面与前刀面之间的夹角，用符号 γ_0 表示。钻头外缘处的前角最大，约为 30°，越近中心，前角越小，靠近横刃处的前角约为−30°，如图 6-7 所示。

3．后角

主切削刃上任一点的后角是该点正交平面与主后刀面之间的夹角，用符号 α_0 表示，如图 6-8 所示。

（a）靠近外缘处　　（b）靠近钻心处

图 6-7　麻花钻前角的变化

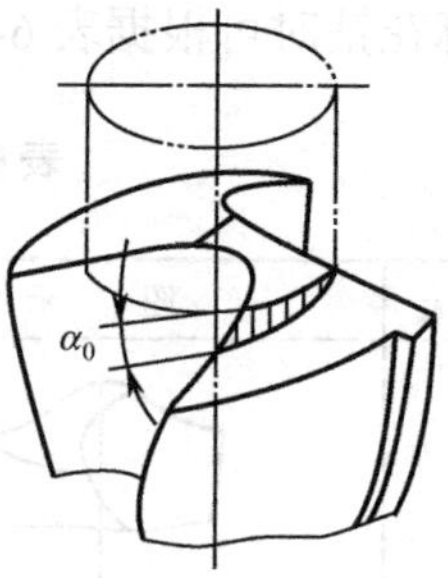

图 6-8　麻花钻的后角（在圆柱面内测量）

4．横刃斜角

在垂直于钻头轴线的端面投影中，横刃与主切削刃之间的夹角称为横刃斜角，用符号 ψ 表示。横刃斜角的大小与后角有关，后角增大时，横刃斜角减小，横刃也就变长。后角减小时，情况相反。横刃斜角一般为 55°。

5. 螺旋角

螺旋角是位于螺旋槽内不同直径处的螺旋线展开成直线后与麻花钻轴线之间的夹角，用符号 β 表示。越靠近钻心处，螺旋角越小；越靠近钻头外缘处，螺旋角越大。标准麻花钻的螺旋角在 18°～30° 之间。

三、麻花钻的刃磨

1. 麻花钻的刃磨要求

麻花钻一般只刃磨两个主后刀面，并同时磨出顶角、后角及横刃斜角。麻花钻的刃磨要求如下：

① 保证顶角（$2\kappa_r$）和后角 α_0 大小适当。

② 两条主切削刃必须对称，即两条主切削刃与轴线的夹角相等，且长度相等。

③ 横刃斜角 ψ 为 55°。

2. 麻花钻的刃磨方法

麻花钻的刃磨方法见表 6-3。

表 6-3 麻花钻的刃磨方法

步　骤	操作说明	图　示
修整砂轮	刃磨前应检查砂轮表面是否平整，如果不平整或有跳动，则应先对砂轮进行修整	
摆放位置	用右手握住麻花钻前端作为支点，左手紧握麻花钻柄部，摆正麻花钻与砂轮的相对位置，使麻花钻轴心线与砂轮外圆柱面母线在水平面内的夹角等于顶角的 1/2，同时钻尾向下倾斜	
磨一条主切削刃	以麻花钻前端支点为圆心，缓慢使钻头作上下摆动并略带转动，同时磨出主切削刃和主后刀面。但要注意摆动与转动的幅度和范围不能过大，以免磨出负后角或将另一条主切削刃磨坏	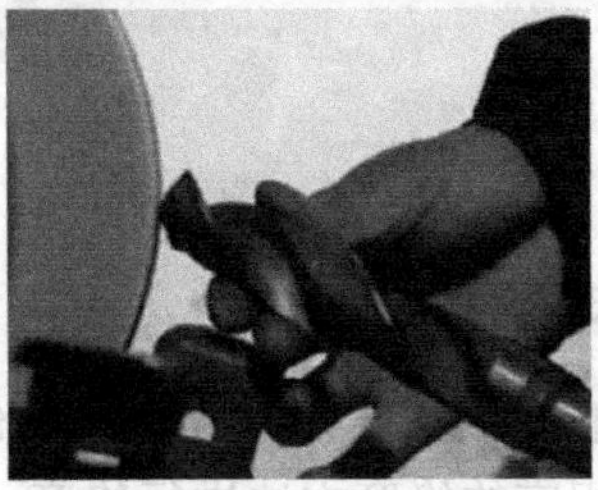

续表

步　骤	操作说明	图　示
磨另一条主切削刃	当一个主后刀面刃磨好后，将麻花钻转过 180°，刃磨另一个主后刀面。刃磨时，人和手要保持原来的位置和姿势。另外，两个主后刀面要经常交替刃磨，边磨边检查，直至符合要求为止	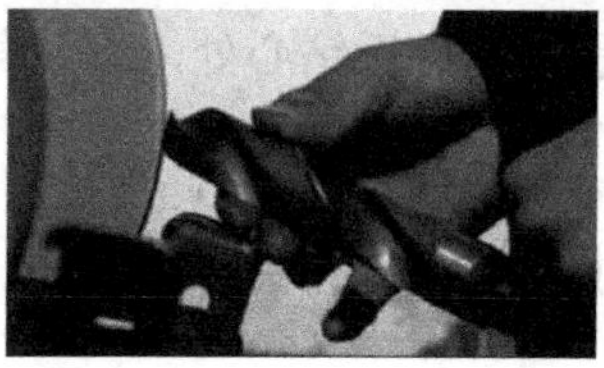

提示

麻花钻在刃磨过程中，要经常检测。检测时可采用目测法，即把刃磨好的麻花钻垂直竖在与眼等高的位置上，转动钻头，交替观察两条主切削刃的长短、高低及后角等，如图 6-9 所示。如果不一致，则必须进行修磨，直到一致为止。也可采用样板检测，如图 6-10 所示。

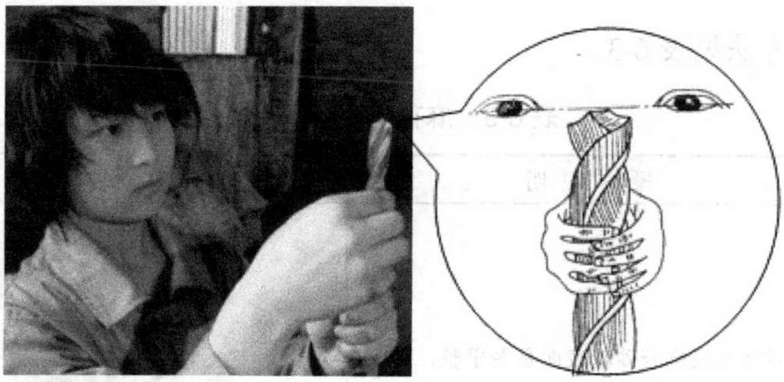

图 6-9　目测法检测

图 6-10　用样板检测

3．麻花钻的修磨

由于麻花钻在结构上存在很多缺点，因而麻花钻在使用时，应根据工件材料、加工要求，采用相应的修磨方法进行修磨。麻花钻的修磨有以下两个主要方面。

(1)横刃的修磨

横刃的修磨形式见表 6-4。

表 6-4 横刃的修磨形式

修磨形式	图示	说明
磨去整个横刃	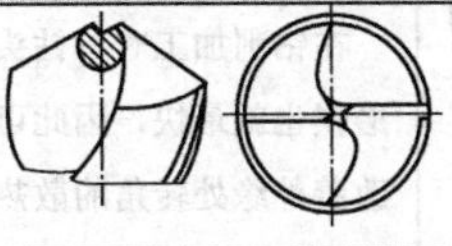	加大该处前角，使轴向力降低，但钻心强度弱，定心不好，只适用于加工铸铁等强度较低的材料工件
磨短横刃	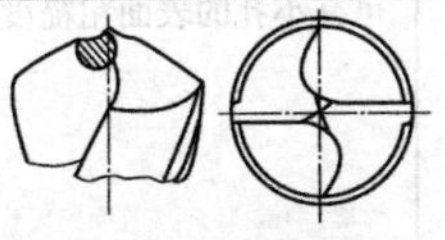	主要是减少横刃造成的不利影响，且在主切削刃上形成转折点，有利于分屑和断屑
加大横刃前角	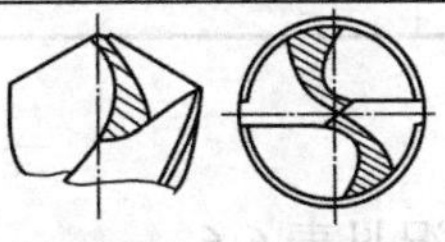	横刃长度不变，将其分成两半，分别磨出 0°～5°前角，主要用于钻削深孔。但修磨后钻尖强度低，不宜钻削硬材料
综合刃磨	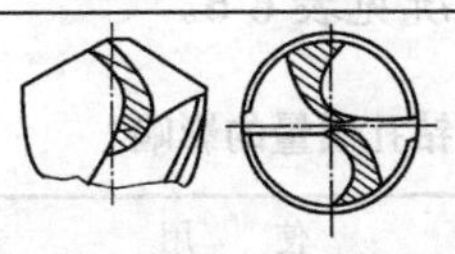	不仅有利于分屑、断屑，增大了钻心部分的排屑空间，还能保证一定的强度

(2)前刀面的修磨

前刀面的修磨主要是外缘与横刃处前刀面的修磨，见表 6-5。

表 6-5 前刀面的修磨

修磨形式	图示	说明
修磨外缘处前角	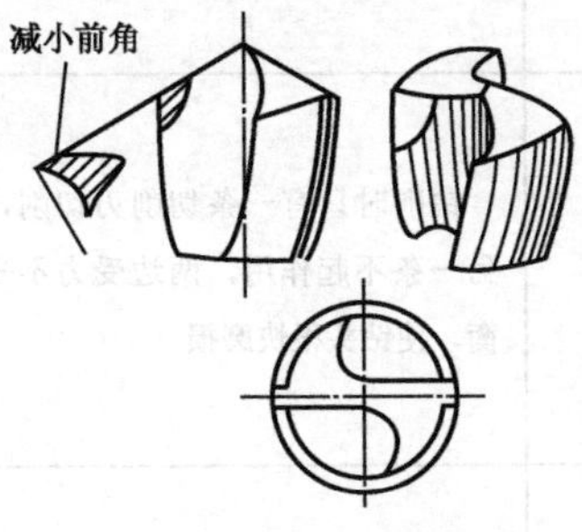	工件材料较硬时，就需要修磨外缘处前角，主要是为了减小外缘处的前角
修磨横刃处前角	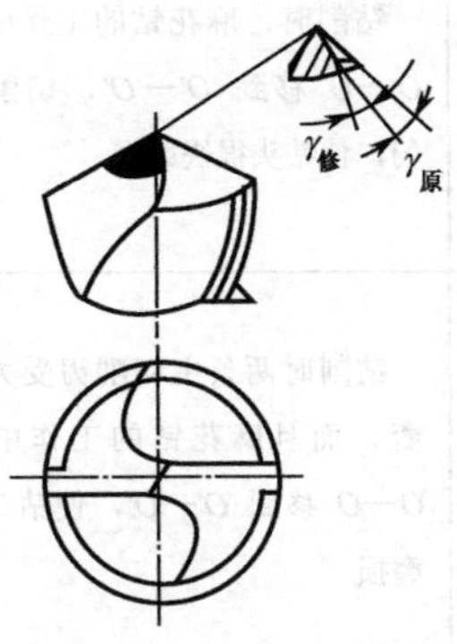	工件材料较软时，需要修磨横刃处前角

续表

修磨形式	图示	说明
双重刃磨	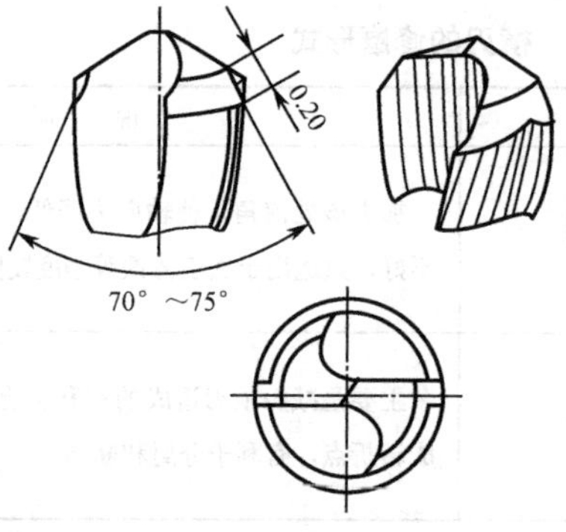	在钻削加工时，钻头外缘处的切削速度最高，磨损也就最快，因此可磨出双重顶角。这样可以改善外缘处转角的散热条件，增加钻头强度，并可减小孔的表面粗糙度

4. 麻花钻刃磨情况对钻孔质量的影响

麻花钻刃磨情况直接影响钻孔的质量，具体情况见表6-6。

表6-6 麻花钻刃磨情况对钻孔质量的影响

刃磨情况		图示	使用	影响
正确		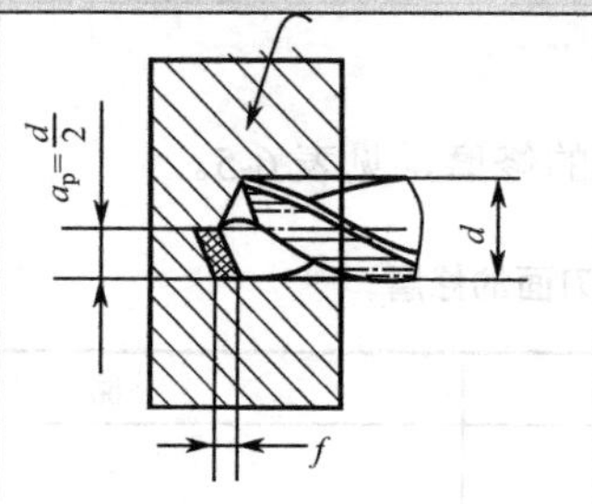	钻削时两条主切削刃同时切削，两边受力平衡，钻头磨损均匀	钻孔正常
不正确	顶角不对称	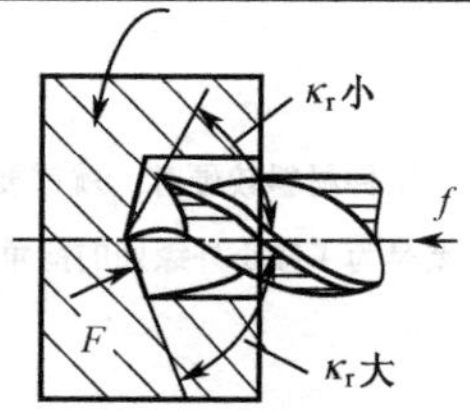	钻削时只有一条切削刃切削，另一条不起作用，两边受力不平衡，使钻头很快磨损	钻出的孔扩大和倾斜
	切削刃长度不等	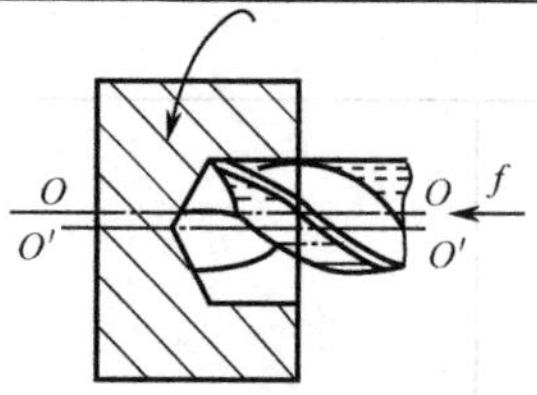	钻削时，麻花钻的工作中心由O—O移到O′—O′，切削不均匀，使钻头很快磨损	钻出的孔扩大
	顶角不对称，刃长不等	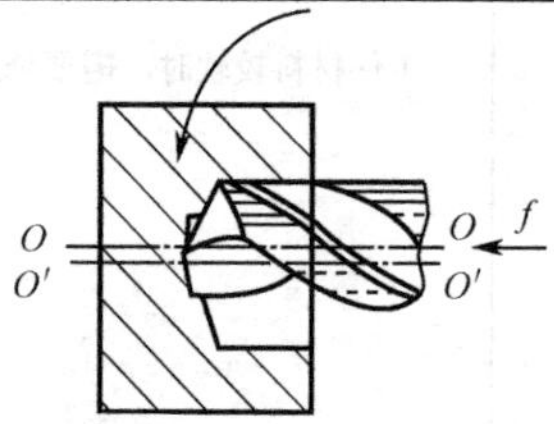	钻削时两条主切削刃受力不平衡，而且麻花钻的工作中心由O—O移到O′—O′，使钻头很快磨损	钻出的孔不仅扩大，而且还会产生台阶

活动二　钻孔的操作方法

一、钻孔用设备

钻孔时，常用的设备有台式钻床、立式钻床和摇臂钻床三种，见表 6-7。

表 6-7　钻床

类　别	图　示	说　明	应用特点
台式钻床		变速是通过安装在电动机主轴和钻床上的一组 V 带轮来实现的，共可获得 5 种不同转速，变速时应停止运转。钻孔时，拨动手柄使小齿轮通过主轴套筒上的齿条让主轴上下移动，实现进给和退刀。钻孔深度是通过调节标尺杆上的螺母来控制的。根据工件的大小调节主轴与工件间的距离，先松开紧固手柄，摇动升降手柄，使螺母旋转。由于丝杠不转，螺母作直线运动，从而带动头架沿立柱升降，使主轴与工件之间的距离得到调节，当头架升降到适当位置时，扳紧紧固手柄	台式钻床转速高，效率高，使用方便灵活，适用于小工件的钻孔。但是，由于台式钻床的最低转速较高，故不适合锪孔和铰孔加工
立式钻床	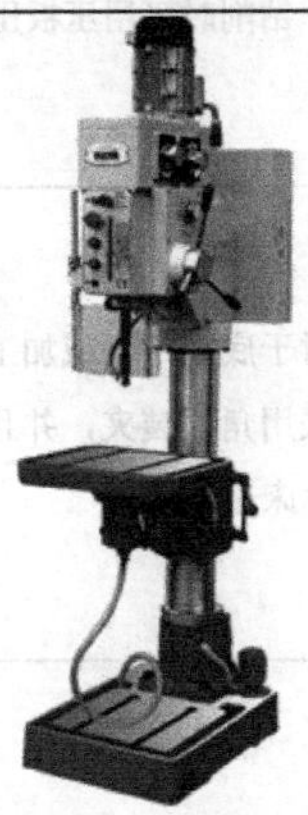	立式钻床是钻床中较为普通的一种，它有多种型号，最大钻孔直径有 25mm、35mm、40mm、50mm 等几种。其主要由底座、工作台、主轴、进给变速箱、主轴变速箱、电动机和立柱等部分组成。通过操纵手柄，可使进给变速箱沿立柱导轨上下移动，从而调节主轴至工作台的距离。摇动工作台手柄，也可使工作台沿立柱导轨上下移动，以适应不同尺寸工件的加工。在钻削大工件时，还可将工作台拆除，将工件直接固定在底座上加工	具有一定的万能性，适应小批、单件的中型工件加工。由于其主轴变速和进给量调整范围较大，所以能进行钻孔、锪孔、铰孔和攻螺纹等加工
摇臂钻床		摇臂钻床是依靠移动钻轴来对准钻孔中心进行钻孔的，所以操作省力灵活。其主要由底座、工作台、立柱、主轴变速箱和摇臂等组成，最大钻孔直径可达 80mm。钻孔时，根据工件加工情况，摇臂可沿立柱上下升降和绕立柱回转 360°。主轴变速箱可沿摇臂导轨大范围移动，便于钻孔时借正钻头与钻孔之间的位置。在中、小型工件上钻孔时，可在工作台上固定；在大型工件上钻孔时，可将工作台拆除，将工件固定在底座上	摇臂钻床加工范围很广泛，可用于钻孔、扩孔、锪孔、铰孔、攻螺纹等加工

二、钻孔时工件的装夹

一般钻 8mm 以下的小孔，工件能用手握牢钻孔，较为方便。除此之外，钻孔前应将工件夹紧固定。钻孔时工件的装夹方法见表 6-8。

表 6-8 钻孔时工件的装夹方法

装夹方法	图示	说明
用平口钳装夹		平整的工件可用平口钳装夹。装夹时，应使工件表面与钻头垂直，而当钻孔直径大于 8mm 时，需要将平口钳固定，以减少振动
用 V 形块配压板装夹	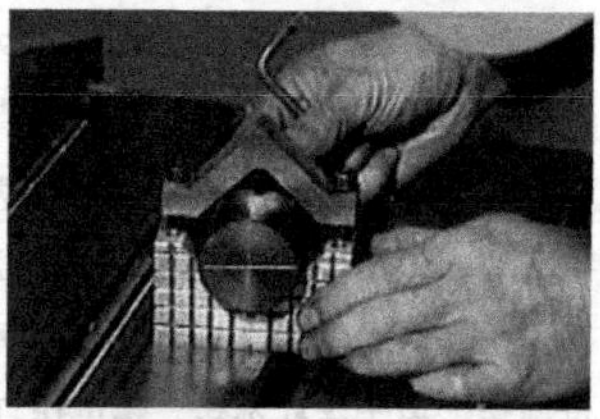	对于圆柱形的工件，可用 V 形块装夹并配以压板压紧，但必须使钻头轴心线与 V 形块两斜面的对称平面重合，并要牢牢夹紧
用压板压紧装夹		对较大的工件，当钻孔直径在 10mm 以上时，钻削时可用压板压紧
用角铁装夹		对于底面不平或加工基准在侧面的工件，可采用角铁装夹，并且角铁必须用压板固定在钻床工作台上
用卡盘装夹		在圆柱形端面上钻孔时，可采用卡盘直接装夹
用手虎钳夹持		在小型工件或薄板上钻小孔时，可将工件放在定位块上，用手虎钳夹持

提示

用平口钳装夹工件时，工件应放在等高的垫铁上，以防止钻坏平口钳，如图 6-11 所示。

采用压板压紧装夹工件时，如果压紧表面是已加工表面，应在压板与工件间垫上衬垫加以保护，防止压出印痕，如图 6-12 所示。

图 6-11　垫垫铁装夹

图 6-12　垫上衬垫加以保护

三、麻花钻的安装

1. 直柄麻花钻的安装

对于直柄麻花钻，钻孔时采用钻夹头安装，如图 6-13 所示。安装时将钻夹头松开至适当的开度，然后把麻花钻刀柄插入钻夹头 3 个卡爪内。再用钻夹头钥匙旋转外套，使螺母带动 3 个卡爪移动，直至夹紧。

2. 锥柄麻花钻的安装

锥柄麻花钻直接采用过渡套安装，安装时，先擦干净过渡套，并将过渡套插入钻床主轴锥孔中，再将选好的麻花钻利用加速冲击力装入过渡套中，如图 6-14 所示。

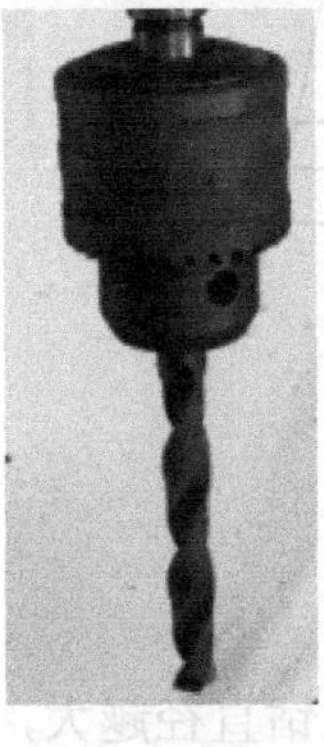

图 6-13　直柄麻花钻的安装

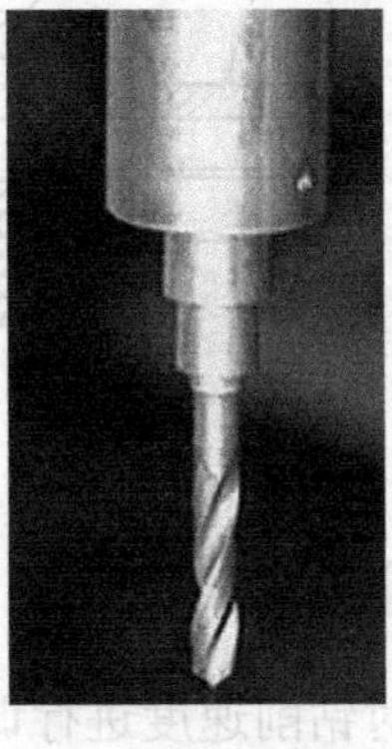

图 6-14　锥柄麻花钻的安装

钻削完毕后，对于直柄麻花钻，利用钥匙往向反的方向旋转钻夹头外套，则可取下钻头，如图 6-15 所示；对于锥柄麻花钻，则将楔铁插入钻床主轴的腰形孔内（使楔铁带圆弧的一边放在上面)，用锤子敲击楔铁即可卸下麻花钻，如图 6-16 所示。

图 6-15 直柄麻花钻的拆卸

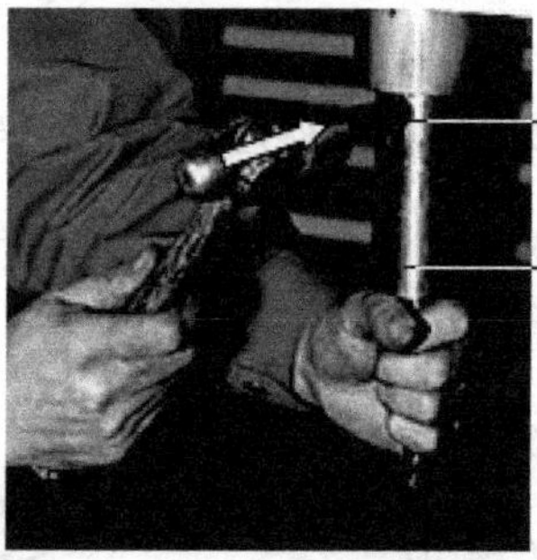

图 6-16 锥柄麻花钻的拆卸

提示

在钻床上加工同一工件时，往往需要调换直径不同的钻头。使用快换钻夹头可以不停车换装刀具，大大提高了生产效率，也减少了对钻床精度的影响。快换钻夹头的结构如图 6-17 所示。更换刀具时，只要将滑套向上提起，钢珠受离心力的作用而贴于滑套端部的大孔表面，就使可换套筒不再受钢珠的卡阻。此时另一手就可将装有刀具的可换套筒取出，然后把另一个装有刀具的可换套筒装上。放下滑套，两粒钢珠也就重新卡入可换套筒凹坑内，于是更换上的刀具便跟着插入钻床主轴锥孔内的夹头体一起转动。弹簧环用于限制滑套的上下位置。

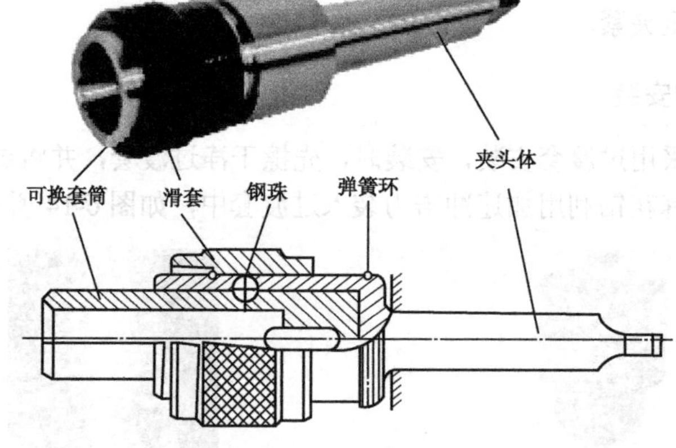

图 6-17 快换钻夹头的结构

四、钻速的调整

在钻孔前必须对钻削速度进行调整。一般来说，麻花钻直径越大，所需钻削速度就应越低。

本活动任务的孔加工在台钻上即可完成，因此，这里只讲述台钻钻速的调整。

台钻的钻速由 5 级带轮控制，其调整的方法见表 6-9。

表6-9 台钻钻速的调整

步 骤	图 示	操作说明
打开防护罩		关停钻床，双手将台钻顶端防护罩打开
松螺钉		用扳手松开电动机固定螺钉
调整间距		逆时针转动手柄，移动电动机，缩短电动机与V带之间的距离
调整皮带	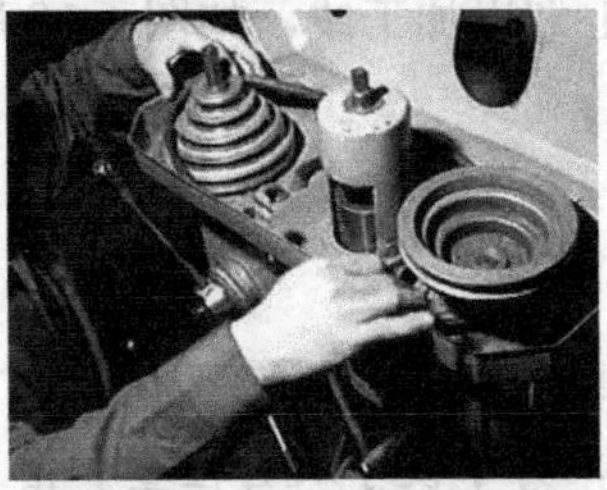	按钻削所需速度先调整电动机一侧带轮的相应位置，再调整主轴上的带轮的位置
调整间距		速度调整到位后，逆时针转动手柄，移动电动机，调紧电动机与V带之间的距离，然后用扳手锁紧电动机固定螺钉
关防护罩		速度调整完成后，关上防护罩，即可进行钻削操作了

提示

钻速调整前必须停车，并关闭电源。

五、钻孔时切削液的选用

钻孔时，切屑变形及麻花钻与工件摩擦所产生的切削热，严重影响麻花钻的切削能力和钻孔精度，甚至会引起麻花钻退火，使钻削无法进行。为了延长麻花钻的使用寿命、提高钻孔精度和生产效率，钻削时可根据工件的不同材料和不同的加工要求合理选用切削液。

钻孔时切削液的选用见表 6-10。

表 6-10 钻孔时切削液的选用

麻花钻的种类	被钻削的材料		
	低碳钢	中碳钢	淬硬钢
高速钢麻花钻	用 1%～2%的低浓度乳化液、电解质水溶液或矿物油	用 3%～5%的中等浓度乳化液或极压切削油	用极压切削油
硬质合金麻花钻	一般不用，如用可选 3%～5%的中等浓度乳化液		用 10%～20%的高浓度乳化液或极压切削油

六、钻孔的方法

1. 钻孔的一般方法

① 根据加工位置，用高度尺在工件上划出加工线，如图 6-18 所示。

提示

对于尺寸位置要求较高的孔，为避免在打样冲眼时产生偏差，可在划中心线时同时划出大小不等的方框，如图 6-19 所示。另外，为了便于及时检查和借正钻孔的位置，可以划出几个大小不等的检查圆，如图 6-20 所示。

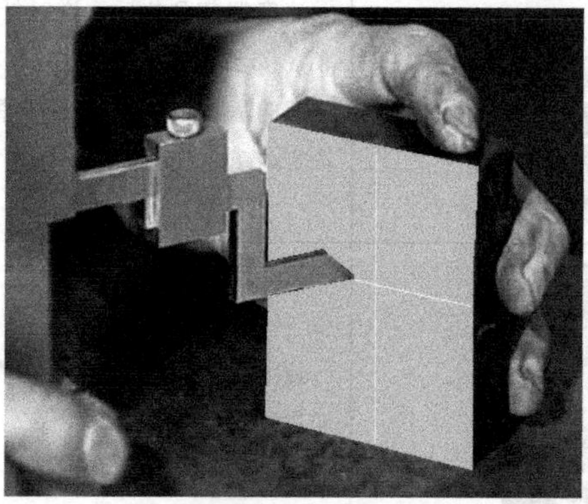

图 6-18 划线

图 6-19 划方框

② 用样冲定中心眼，如图 6-21 所示。

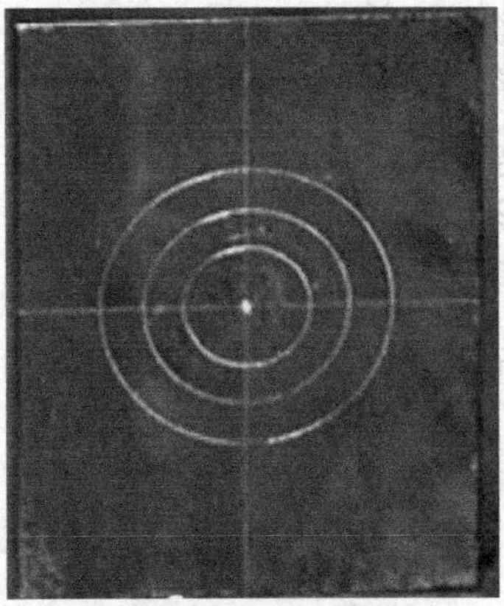

图 6-20 划检查圆

图 6-21 用样冲定中心眼

提示

用样冲定中心眼时，在检查线、检查圆的象限上也要打上样冲眼。

③ 先使麻花钻对准中心，起钻出一浅坑，观察钻孔位置是否正确，如图 6-22 所示。

④ 不断调整麻花钻或工件在钻床中的位置，使钻尖对准钻孔中心，进行试钻，如图 6-23 所示。

图 6-22 起钻

图 6-23 试钻

⑤ 试钻达到同心要求后，调整好冷却润滑液与进给速度，正常钻削至所需深度。

提示

钻削时，一般钻进深度达到直径的 3 倍时钻头要退出排屑，以后每钻进一定深度都要退出排屑。如果是通孔，则在将要钻穿孔时，将自动进给变换为手动进给，并减小手动进给量，钻穿通孔。

如果生产批量较大或孔的位置精度要求较高，则需要采用钻模来保证孔的正确位置，如图 6-24 所示。

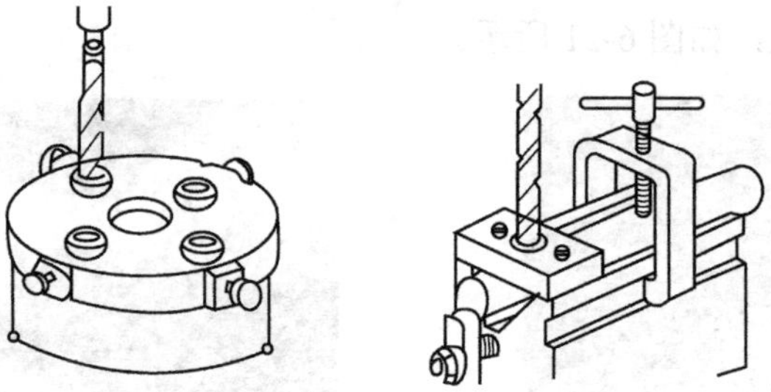

图 6-24 用钻模定位钻孔

2. 其他的钻孔方法

其他的钻孔方法见表 6-11。

表 6-11 其他的钻孔方法

方 法	图 示	说 明
斜面上钻孔	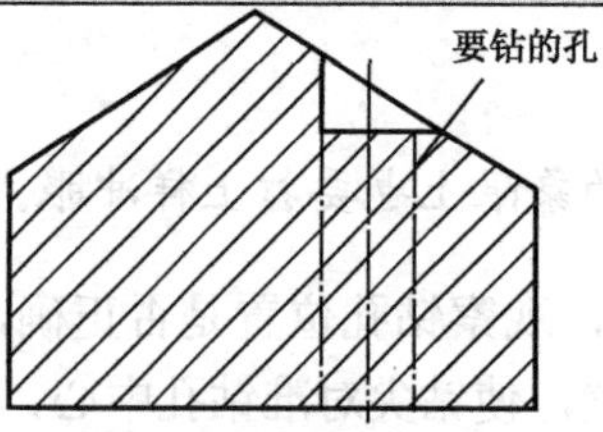	普通钻头按常规的方法在斜面上钻孔时，由于切削刃负荷不均，会使钻头发生偏移，造成孔歪斜或位移，甚至会使钻头折断。为了在斜面上钻出合格的孔，可用立铣刀或錾子在斜面上加工出一个小平面，然后用中心钻或小直径钻头在小平面上钻出一个浅坑，最后用钻头钻出所需的孔
钻半圆孔	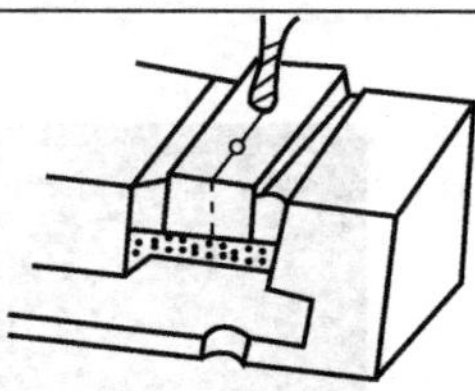	对要钻半圆孔的工件，若孔在工件的边缘，可把两工件合起来夹持在机用平口虎钳上钻孔。若只需一件，可用一块与工件相同的材料和工件拼合在一起夹持在平口虎钳上钻孔
	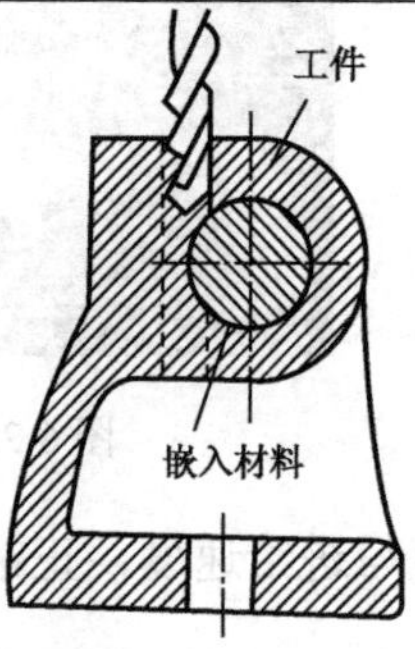	可先用同样材料嵌入工件内，与工件合钻一个圆孔，然后去掉嵌入材料，这样工件上就只留下半圆孔了
圆柱工件上钻孔	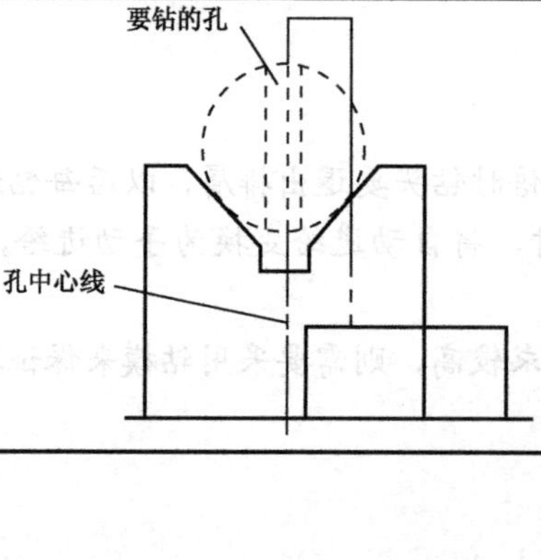	在钻孔工件的端面中心划出所需的中心线，用 90° 角尺找正端面中心线使其保持垂直。换上麻花钻，将钻尖对准工件中心后，把工件压紧，然后钻孔

活动三 在长四方块上钻孔

长四方块的钻孔加工图样如图 6-25 所示。

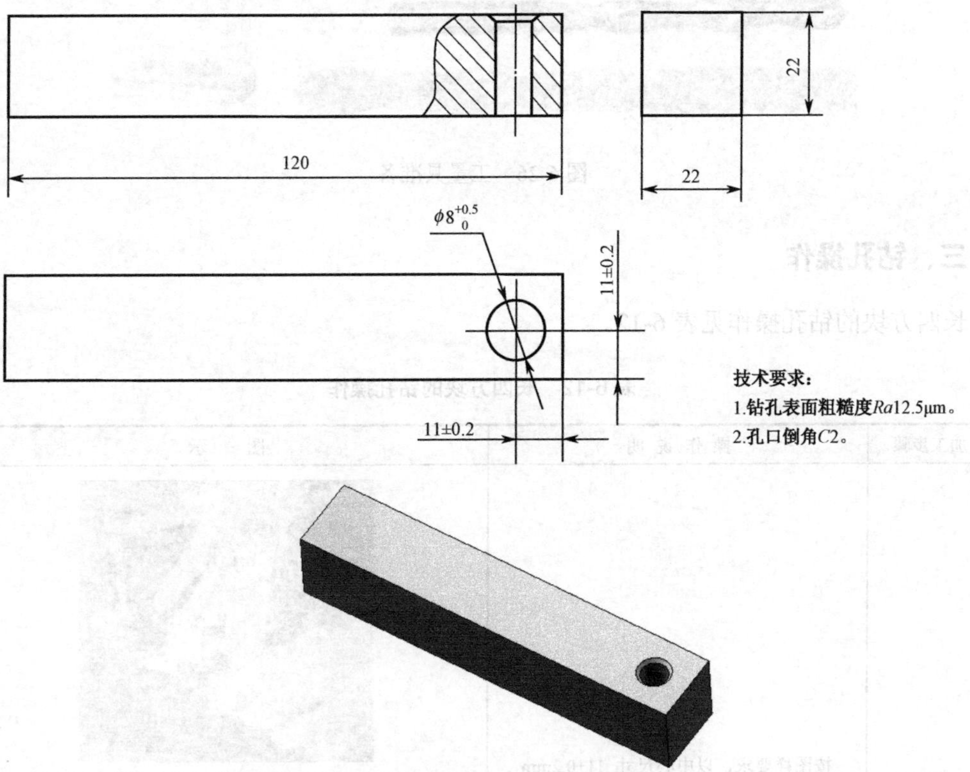

图 6-25 长四方块钻孔加工图样

一、图样分析

本活动任务主要完成孔的加工，因此，首先应划出孔的中心线，然后钻孔，最后进行孔口倒角。从图样可知，孔中心的位置尺寸为 11±0.2mm，孔径为$\phi 8^{+0.5}_{0}$ mm。

二、材料与工量具准备

1．材料

材料接锯削工件，为 22mm×22mm×120mm 的 45 钢。

2．工量具

选用 0.02mm/（0～150）mm 的游标卡尺、高度尺、ϕ8mm 和ϕ15mm 麻花钻，如图 6-26 所示。

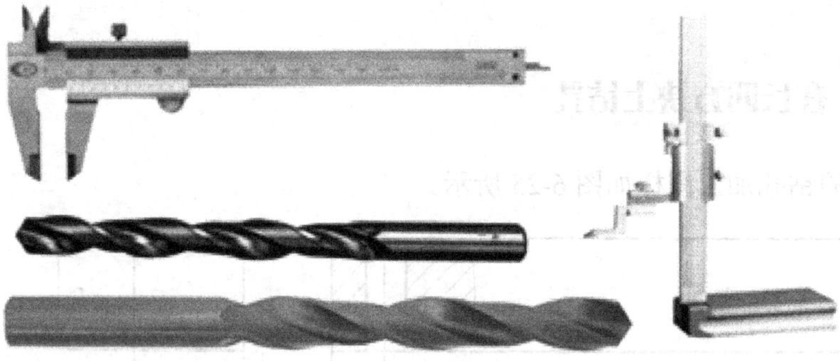

图 6-26 工量具准备

三、钻孔操作

长四方块的钻孔操作见表 6-12。

表 6-12 长四方块的钻孔操作

加工步骤	操作说明	图示
划线	按图样要求，以中心尺寸 11±0.2mm，划出孔中心位置	 
冲眼	在两条线交叉点位置（即中心位置）打样冲眼	

续表

加工步骤	操 作 说 明	图 示
装夹工件	将工件夹在平口钳中间（下面垫垫铁）	
安装麻花钻	选用ϕ8mm 的麻花钻，用钻夹头安装在钻床主轴上	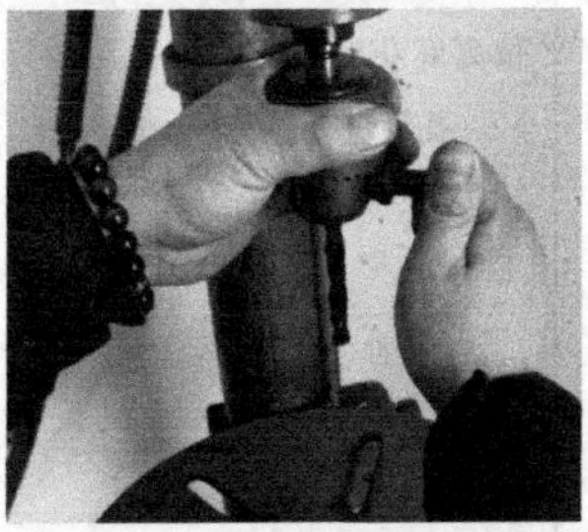
对正	转动钻床操作手柄，使麻花钻钻尖接触样冲眼，调整工件在钻床中的位置，使钻尖对准钻孔中心	
试钻	找正后抬起操作手柄，使钻尖与工件表面相距 10mm 左右后启动钻床，然后左手扶平口钳，右手转动操作手柄进行试钻	
正常钻削	试钻后停机试检，当试钻达到钻孔位置要求后，调整好冷却润滑液与进给速度，正常钻削	

续表

加工步骤	操作说明	图　示
测量	钻孔完成后，停机，移动平口钳使工件偏离麻花钻中心位置，用游标卡尺对孔径、孔距进行检验	

		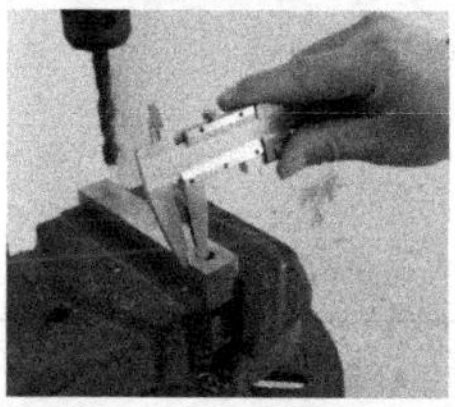
孔口倒角	换装ϕ15mm 的麻花钻，找正位置后对孔口进行 $C2$ 的倒角	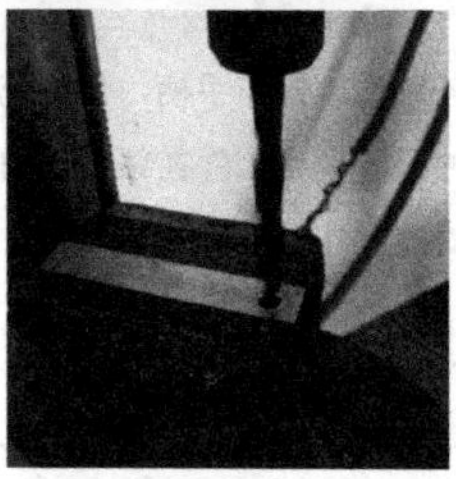

四、钻孔质量分析

钻孔质量分析见表 6-13。

表 6-13　钻孔质量分析

质 量 情 况	原 因 分 析
孔大于规定尺寸	①麻花钻两切削刃长度不等，高低不一致 ②主轴径向偏摆或工作台未锁紧 ③麻花钻本身弯曲或装夹不好，使麻花钻有较大的径向圆跳动
孔壁粗糙	①麻花钻不锋利 ②进给量太大 ③切削液选择不当或供应不足 ④麻花钻过短，排屑槽堵塞
孔歪斜	①工件上与孔垂直的平面与钻床主轴不垂直或主轴与台面不垂直 ②安装工件时，安装接触面上的切屑未清除干净 ③工件装夹不稳，钻孔时产生歪斜或工件有砂眼 ④进给量过大使麻花钻产生弯曲变形

续表

质量情况	原因分析
孔位偏移	①工件划线不正确 ②麻花钻横刃太长，定心不准，起钻过偏而没有找正
钻孔呈多角形	①麻花钻后角太大 ②麻花钻两主切削刃长短不一，角度不对称
麻花钻工作部分折断	①麻花钻用钝后继续钻孔 ②钻孔时未经常退钻排屑，使切屑在麻花钻螺旋槽内阻塞 ③孔将钻通时没有减小进给量 ④进给量过大 ⑤工件未夹紧，钻孔时产生松动 ⑥在钻黄铜一类软金属时，麻花钻后角太大，前角未修磨小，造成扎刀
切削刃迅速磨损或碎裂	①切削速度太高 ②没有根据工件材料硬度来刃磨麻花钻角度 ③工件表皮或内部硬度高或有砂眼 ④进给量过大 ⑤切削液不足

活动四 铰孔的操作方法

铰孔是用铰刀从工件孔壁上切除微量金属层，以提高其尺寸精度和降低表面粗糙度的方法。铰孔精度可达 IT9～IT7，表面粗糙度可达 *Ra*3.2～0.8μm，属于孔的精加工。

一、铰刀的种类与结构特点

1. 铰刀的种类

铰刀的种类有很多，常用的有以下几种。

（1）整体圆柱铰刀

整体圆柱铰刀用来铰削标准系列的孔。它由工作部分、颈部和柄部组成，工作部分包括引导部分、切削部分和校准部分，柄部有直柄、锥柄和直柄带方榫三种，如图 6-27 所示。

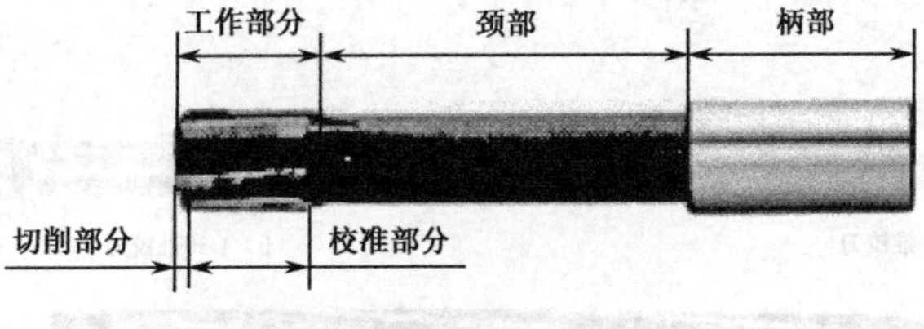

（a）直柄铰刀

（b）锥柄铰刀

（c）直柄带方榫的铰刀

图 6-27 整体圆柱铰刀

① 引导部分：便于铰刀开始铰削时放入孔中，并保护切削刃。

② 切削部分：承受主要的切削力。

③ 校准部分：引导铰孔方向和校准孔的尺寸，也是铰刀的后备部分。其刃带宽是为了防止孔口扩大和减少与孔壁的摩擦。

（2）可调节手铰刀

可调节手铰刀如图 6-28 所示，它由刀体、刀条和调节螺母等组成，在单件生产和修配工作中用来铰削非标准的孔。可调节手铰刀的直径范围为 6～54mm。其刀体用 45 钢制成。直径小于或等于 12.75mm 的刀齿条，用合金钢制成；直径大于 12.75mm 的刀齿条，用高速钢制成。

图 6-28　可调节手铰刀

（3）螺旋槽手铰刀

用普通铰刀铰键槽孔时，刀刃会被键槽边卡住而使铰削无法进行，这时就必须改用螺旋槽手铰刀，如图 6-29 所示。铰孔时铰削阻力沿圆周均匀分布，铰削平稳，铰孔光滑。铰刀螺旋方向一般为左旋，以避免因顺时针转动而产生自动旋进现象，同时左旋刀刃容易将切屑推出孔外。

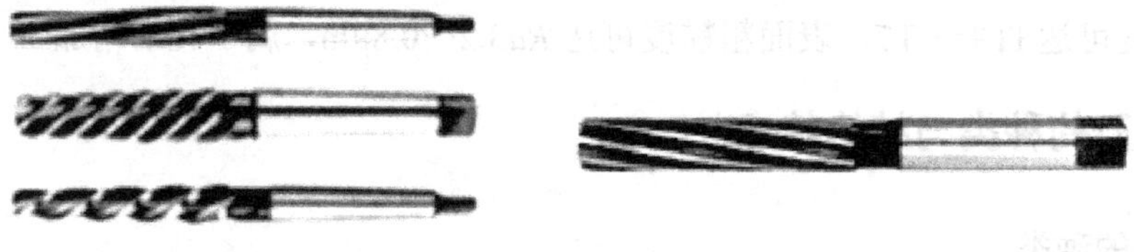

（a）左旋　　（b）右旋

图 6-29　螺旋槽手铰刀

（4）锥铰刀

锥铰刀有 1∶10、1∶30、1∶50 和 Morse 锥铰刀 4 种，用来铰削圆锥孔，如图 6-30 所示。

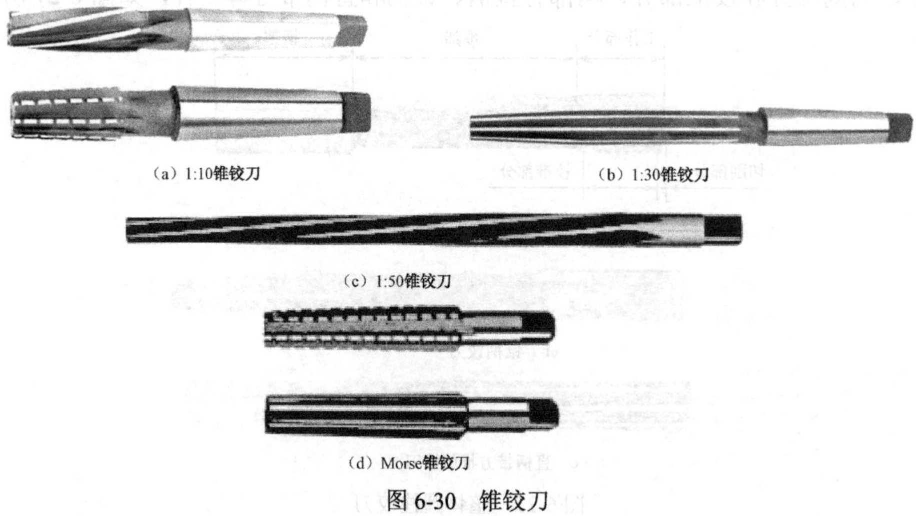

（a）1:10锥铰刀　　（b）1:30锥铰刀

（c）1:50锥铰刀

（d）Morse锥铰刀

图 6-30　锥铰刀

① 1:10 锥铰刀：用来铰削联轴器上与锥销配合的锥孔。

② 1:30 锥铰刀：用来铰削套式刀具上的锥孔。

③ 1:50 锥铰刀：用来铰削定位锥孔。

④ Morse 锥铰刀：用来铰削 0～6 号的 Morse 锥孔。

提示

1:10 锥铰刀和 Morse 锥铰刀使用起来较为省力，一般由 2～3 把组成一套，用于粗、精加工。

铰刀最容易磨损的部位是切削部分和修光部分的过渡处，而且这个部位直接影响工件的表面粗糙度，因而该处不能有尖棱。铰刀的刃齿数一般为 4～10，为了方便测量直径，应采用偶数齿。

2. 铰刀的几何角度

铰刀是多刃刃刀具，其每一个刀齿相当于一把车刀，其几何角度的概念与车刀相同。

（1）前角

由于铰削的余量较小，切屑很薄，切屑与前刀面在刃口附近接触，前角的大小对切削变形的影响不大，所以铰刀的前角 γ_0 一般磨成 0°。铰削表面粗糙度要求较高的铸件孔时，前角可取−5°～0°；铰削塑性材料时，前角可取 5°～10°。

（2）后角

为减少铰刀与孔壁的摩擦，后角一般取 6°～10°。

（3）主偏角

主偏角的大小影响导向、切削厚度和轴向切削力的大小。主偏角越小，切削厚度越小，轴向力越小，导向性越好，切削部分越长。通常，手用铰刀取较小的主偏角，机用铰刀取较大的主偏角。铰刀切削刃主偏角的选择见表 6-14。

表 6-14 铰刀切削刃主偏角的选择

铰刀类型	加工材料或加工形式	主 偏 角 值
手用铰刀	各种材料	0°30′～1°30′
机用铰刀	铸铁	3°～5°
	钢	12°～15°
	不通孔	45°

（4）刃倾角

带刃倾角的铰刀，适用于铰削塑性材料通孔。高速钢铰刀的刃倾角一般取 15°～20°；硬质合金铰刀的刃倾角一般取 0°，但为了使切屑流向待加工表面，也可取 3°～5°，如图 6-31 所示。

（5）螺旋角

铰刀的齿槽有直槽和螺旋槽两种。直槽刃磨方便。螺旋槽切削平稳，适用于深孔及断续表面的铰削。螺旋槽的旋向有左旋和右旋两种。右旋铰刀铰削时，切屑向后排出，适用于加工不通孔；左旋铰刀铰削时，切屑向前排出，适用于加工通孔。螺旋角大小与加工材料有关，加工灰铸铁、硬钢材料时，螺旋角为 7°～8°；加工可锻铸铁、钢材料时，螺旋角为 12°～20°；加工轻金属时，螺旋角为 35°～45°。

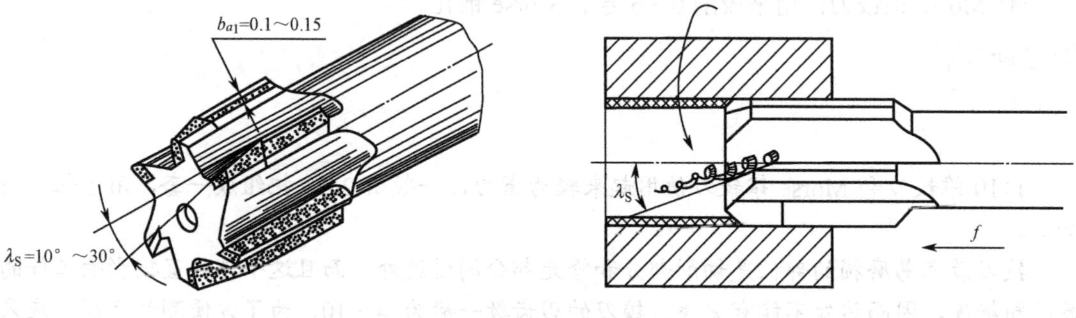

图 6-31　刃倾角与排屑情况

3．铰刀尺寸的选择

铰孔的精度主要取决于铰刀的尺寸。铰刀的基本尺寸与孔的基本尺寸相同。铰刀的公差是根据孔的精度等级、加工时可能出现的扩大或收缩及允许铰刀的磨损量来确定的。一般可按下面的计算方法来确定铰刀的上、下偏差：

上偏差（*es*）=2/3 被加工孔的公差

下偏差（*ei*）=1/3 被加工孔的公差

即铰刀选择被加工孔公差带中间 1/3 左右的尺寸。

4．铰刀齿数的选择

铰刀齿数与铰刀直径和工件材料有关。加工韧性材料时取小值，加工脆性材料时取大值，常用铰刀齿数的选择见表 6-15。

表 6-15　常用铰刀齿数的选择

铰刀类型	高速钢机用铰刀							高速钢带刃倾角机用铰刀			硬质合金机用铰刀					
铰刀直径（mm）	1～2.8	大于 2.8～20	大于 20～30	大于 30～40	大于 40～50	大于 50.8～80	大于 80～100	大于 5.3～18	大于 18～30	大于 30～40	大于 5.3～15	大于 15～31.5	大于 31.5～40	大于 42～62	大于 65～80	大于 82～100
齿数选择	4	6	8	10	12	14	16	4	6	8	4	6	8	10	12	14

二、铰孔前的准备

1．铰孔余量的确定

铰孔之前，孔径必须加工到适当的尺寸，使铰刀只能切下很薄的金属层，铰孔前加工余量的确定见表 6-16。

表 6-16　铰孔前加工余量的确定

孔径（mm）	加工余量（mm）		
	粗、精铰前总加工余量	粗铰	精铰
12～18	0.15	0.10～0.11	0.04～0.05
18～30	0.20	0.14	0.06
30 ～50	0.25	0.18	0.07
60～75	0.30	0.20～0.22	0.08～0.09

2．机铰的切削速度和进给量

为了获得较小的加工粗糙度，必须避免产生积屑瘤，减少切削热及变形，应取较小的切削速度。铰钢件时为 4～8m/min，铰铸件时为 6～8m/min。铰钢件及铸铁件时进给量可取 0.5～1mm/r，铰铜件、铝件时可取 1～1.2mm/r。

3．铰削时切削液的选用

铰削的切屑一般都很细碎，容易附在切削刃上，甚至夹在孔壁与校准部分棱边之间，将已加工表面拉毛。铰削过程中，热量积累过多也将引起工件和铰刀的变形或孔径扩大，因此铰削时必须采用适当的切削液，以减少摩擦和散发热量，同时将切屑及时冲掉。切削液的选择见表 6-17。

表 6-17　铰孔时切削液的选择

工件材料	切　削　液
钢	①体积分数为 10%～20%的乳化液 ②铰孔要求较高时，可采用体积分数为 30%的菜油加 70%的乳化液 ③高精度铰削时，可用菜油、柴油、猪油
铸铁	①不用 ②煤油，但会引起孔径缩小（最大缩小量为 0.02～0.04mm） ③低浓度乳化液
铝	煤油
铜	乳化液

提示

铰孔时加注乳化液，铰出的孔径略小于铰刀尺寸，且表面粗糙度较小；加注切削油，铰出的孔径略大于铰刀尺寸，且表面粗糙度较大；当进行干铰（不加注切削液）时，铰出的孔径最大，表面粗糙度也最大。

三、铰孔操作

1．手动铰削

手动铰削的操作步骤如下。

① 根据加工要求，在工件上划出加工位置线并钻出底孔。

提示

对于锥度较大的锥孔，铰孔前的底孔应钻成阶梯孔，如图 6-32 所示。阶梯孔最小直径按锥铰刀的小端直径来确定，其余各段直径可根据锥度来推算。

② 将手用铰刀装夹在铰杠上，如图 6-33 所示。

图 6-32 阶梯孔

图 6-33 装夹手用铰刀

③ 起铰。在手用铰刀铰削前，可单手对铰刀施加压力，如图 6-34 所示。

提示

对铰刀施加压力时，所施压力必须通过铰孔的轴线，同时转动铰刀。

④ 铰削。正常铰削时，两手用力要均匀、平稳，不得有侧向压力，如图 6-35 所示。同时适当加压，使铰刀均匀地进给，以保证铰刀正确切削，获得较好的表面质量，并避免孔口形成喇叭形。

图 6-34 起铰

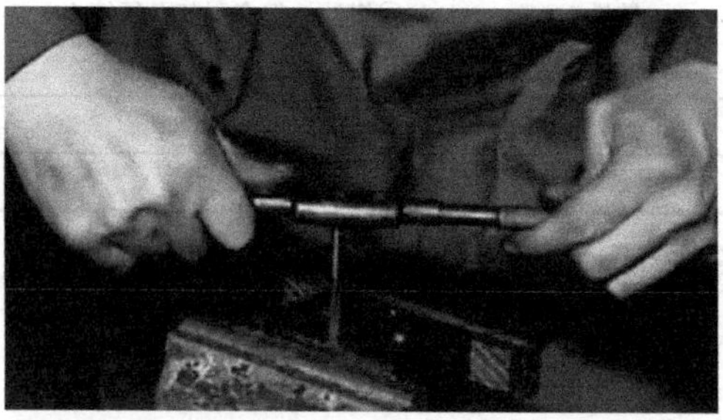
图 6-35 正常铰削

提示

当孔铰通后，铰刀退出时不能反转，必须正转，否则会使切屑卡在孔壁和铰刀后刀面之间，将孔壁拉毛，同时也易使铰刀磨损，甚至崩刃。因此，退出时要按铰削方向边旋转边向上提起铰刀。

2．机动铰削

相对于手动铰削，机动铰削灵活简便。其操作方法如下。

① 根据加工要求，在工件上划出加工位置线并钻出底孔。

② 将机用铰刀装夹在钻床上，如图 6-36 所示。

③ 选用合适的铰削用量，开始铰削，如图 6-37 所示。

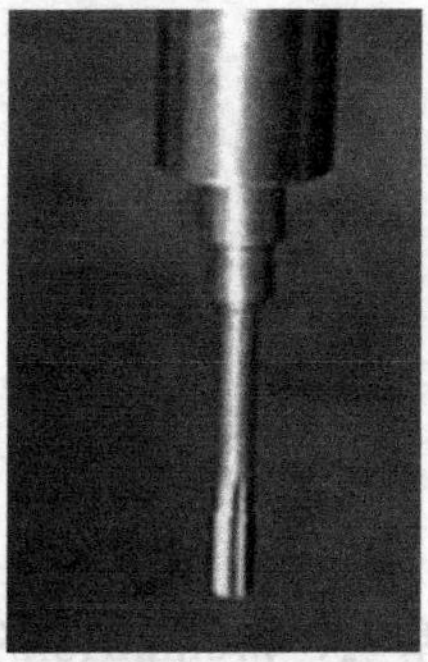

图 6-36　装夹铰刀

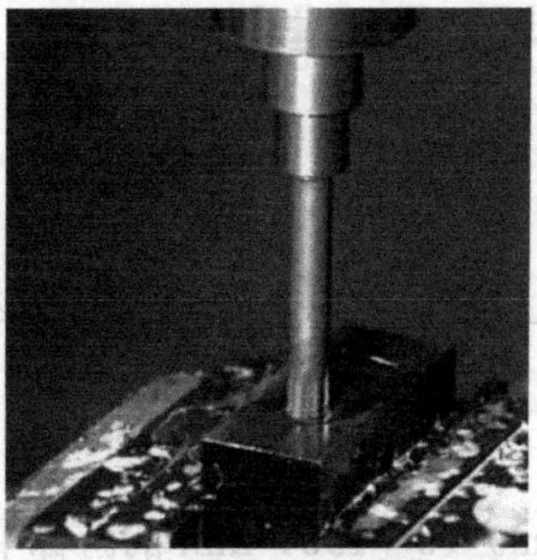

图 6-37　机动铰削

提示

机动铰削结束后，应先退出铰刀再停机，以防孔壁被拉出痕迹。

活动五　在长四方块上铰孔

长四方块上铰孔的图样如图 6-38 所示。

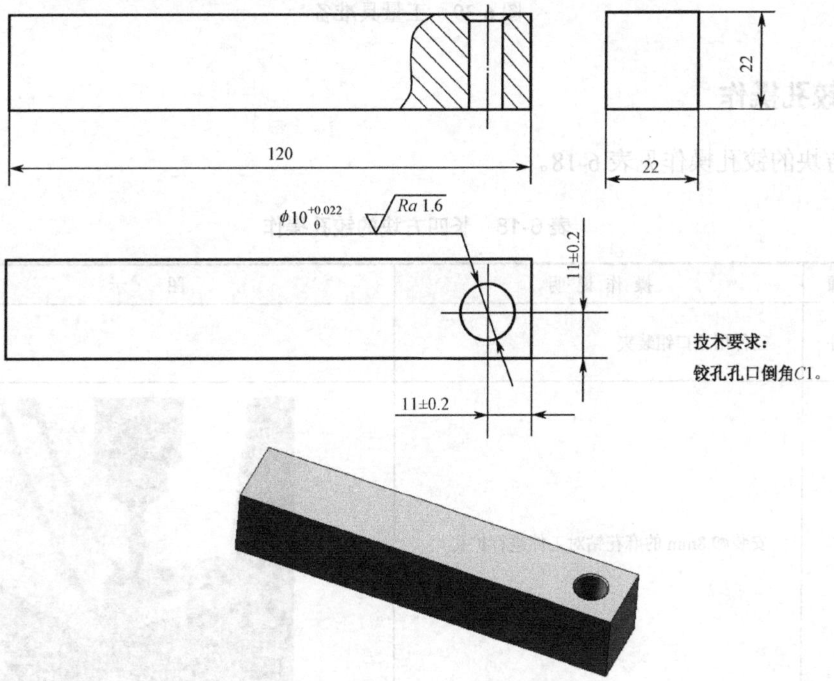

图 6-38　长四方块上铰孔的图样

一、图样分析

本活动任务主要完成铰孔加工，因为工件由钻孔转入，所以只需要进行扩孔，再进行铰孔，最后孔口倒角。从图样中可知，孔中心的位置尺寸为 11±0.2mm，孔径为$\phi10^{+0.022}_{0}$ mm。

二、材料与工量具准备

1. 材料

材料接钻孔工件，为 22mm×22mm×120mm 的 45 钢。

2. 工量具

选用 0.02mm/（0～150）mm 的游标卡尺、ϕ10mm 的塞规、ϕ10mmH8 的铰刀、ϕ9.8mm 和ϕ15mm 的麻花钻，如图 6-39 所示。

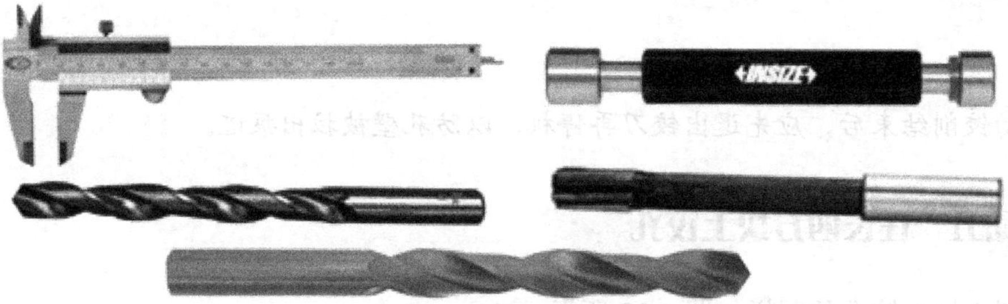

图 6-39　工量具准备

三、铰孔操作

长四方块的铰孔操作见表 6-18。

表 6-18　长四方块的铰孔操作

加工步骤	操 作 说 明	图　示
装夹工件	工件用平口钳装夹	
扩孔	安装ϕ9.8mm 的麻花钻对工件进行扩孔	

续表

加工步骤	操作说明	图 示
安装铰刀	停机，拆下ϕ9.8mm 的麻花钻，换装ϕ10mmH8 的机用铰刀	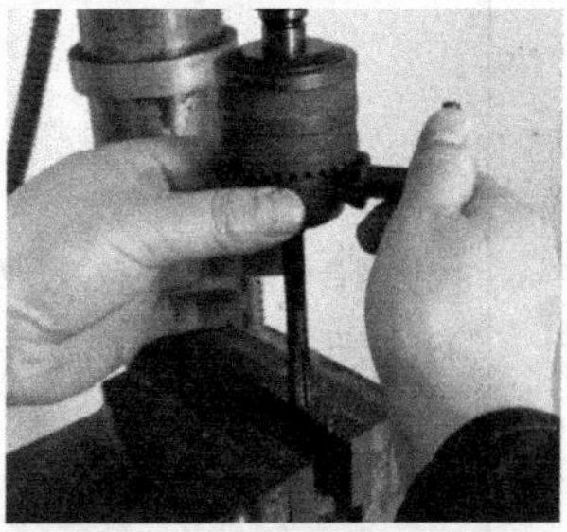
找正	转动钻床操作手柄，找正铰刀与工件的相对位置	
铰孔	选用合适的铰削用量，开始铰孔	
测量	铰削完成后停机，用塞规进行检测（通端能进入而止端不入为合格）	 

续表

加工步骤	操作说明	图示
孔口倒角	检测合格后，拆下铰刀，换装ϕ15mm 的麻花钻对孔口进行倒角 $C1$	

四、铰孔质量分析

铰孔质量分析见表 6-19。

表 6-19 铰孔质量分析

质量情况	原因分析
孔壁表面粗糙度超差	①铰削余量太大或太小 ②铰刀切削刃不锋利，或粘有积屑瘤，切削刃崩裂 ③切削速度太高 ④铰削过程中或退刀时反转 ⑤没有合理选用切削液
孔呈多棱形	①铰削余量太大 ②工件前道工序加工孔的圆度超差 ③铰孔时，工件夹持太紧，造成变形
孔径扩大	①机铰时铰刀与孔轴线不重合，铰刀偏摆过大 ②铰孔时两手用力不均，使铰刀晃动 ③切削速度太高，冷却不充分，铰刀温度上升，直径增大 ④铰锥孔时，未用锥销试配、检查，铰孔过深
孔径缩小	①铰刀磨钝或磨损 ②铰削铸铁时加煤油，造成孔径收缩

项目评价

一、思考题

1. 简述麻花钻的各切削角度，以及各切削角度起什么作用。
2. 标准麻花钻在结构上有哪些缺点？应如何修磨？
3. 什么是钻孔？钻孔有什么特点？
4. 怎样刃磨麻花钻？
5. 在图 6-40 中相应位置标出麻花钻的几何参数名称。

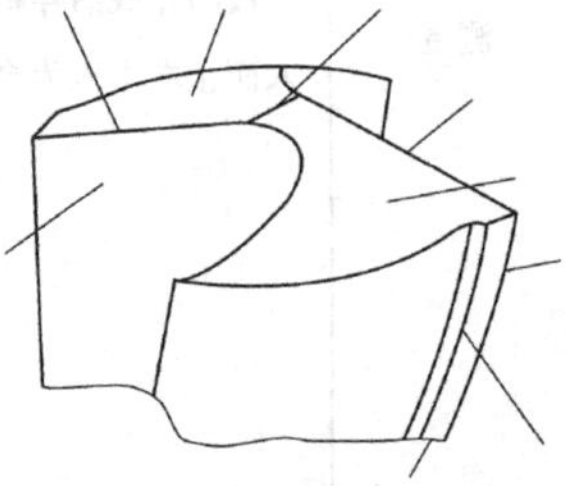

图 6-40 麻花钻切削部分

6．钻削时切削液如何选用？
7．为什么孔将钻穿时要减小进给量？
8．如何调整钻削速度？
9．钻孔时应注意哪些安全事项？
10．什么是铰孔？铰孔有什么特点？
11．铰刀有哪些种类？
12．铰刀的结构有哪些参数？
13．铰刀为什么不能反转？
14．简述铰削的操作步骤，并说明在铰削时要注意哪些事项。

二、技能训练

1．按图 6-41 所示刃磨麻花钻。

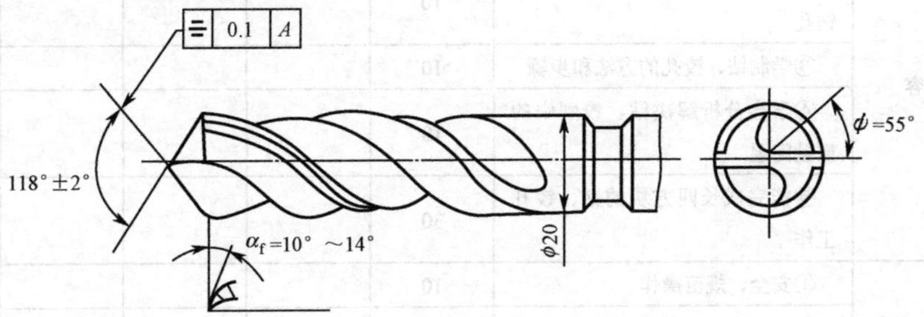

图 6-41 麻花钻

2．钻孔并铰削图 6-42 所示工件。

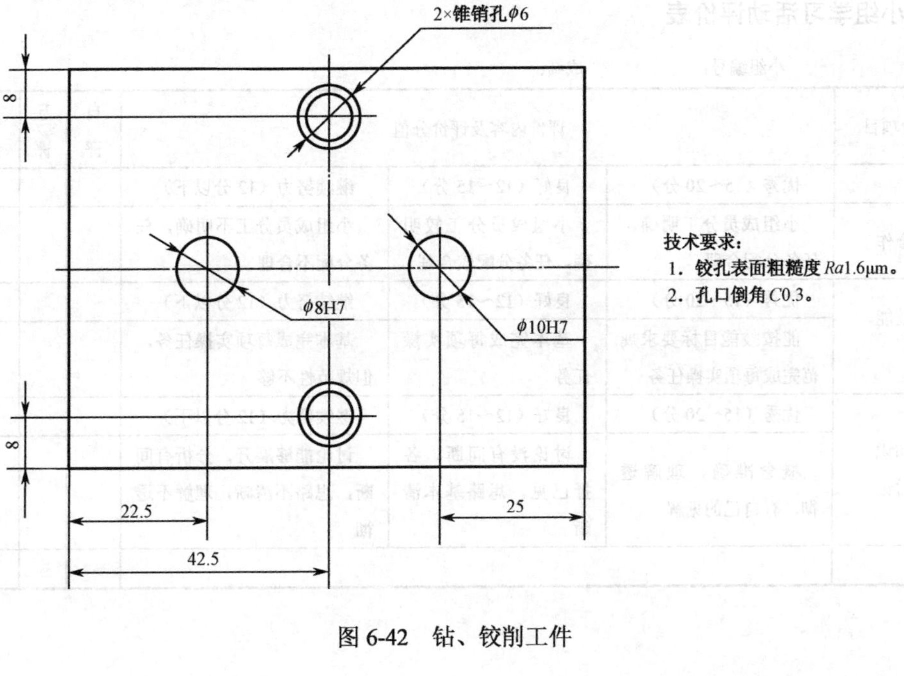

图 6-42 钻、铰削工件

三、项目评价评分表

1. 个人知识和技能评价表

班级：　　　　　　　　　　姓名：　　　　　　　　　　成绩：

评价方面	评价内容及要求	分值	自我评价	小组评价	教师评价	得分
项目知识内容	①熟知标准麻花钻的几何结构	5				
	②会判断麻花钻的刃磨质量	5				
	③掌握钻削时钻削用量的选择	5				
	④掌握铰削时铰削用量的选择	5				
项目技能内容	①掌握麻花钻的刃磨方法	5				
	②能正确使用钻床对工件进行钻孔	10				
	③学制钻、铰孔的方法和步骤	10				
	④学会分析解决钻、铰削中的质量问题	10				
	⑤能完成长四方块的钻、铰孔工作	30				
安全文明生产和职业素质培养	①安全、规范操作	10				
	②文明操作，不迟到早退，操作工位卫生良好，按时按要求完成实训任务	5				

2. 小组学习活动评价表

班级：　　　　　　小组编号：　　　　　　成绩：

评价项目	评价内容及评价分值			自评	互评	教师评分
	优秀（15～20分）	良好（12～15分）	继续努力（12分以下）			
分工合作	小组成员分工明确，任务分配合理	小组成员分工较明确，任务分配较合理	小组成员分工不明确，任务分配不合理			
实操技能操作	优秀（15～20分）	良好（12～15分）	继续努力（12分以下）			
	能按技能目标要求规范完成每项实操任务	基本完成每项实操任务	基本完成每项实操任务，但规范性不够			
基本知识分析讨论	优秀（15～20分）	良好（12～15分）	继续努力（12分以下）			
	概念准确，理解透彻，有自己的见解	讨论没有间断，各抒己见，思路基本清晰	讨论能够展开，分析有间断，思路不清晰，理解不透彻			
总分						

项目七　螺纹加工

螺纹加工是金属加工中的重要内容之一。螺纹加工的方法多种多样，一般较为精密的螺纹在车床上加工，而钳工只能加工三角形螺纹，其加工方法是攻螺纹和套螺纹，如图 7-1 所示。

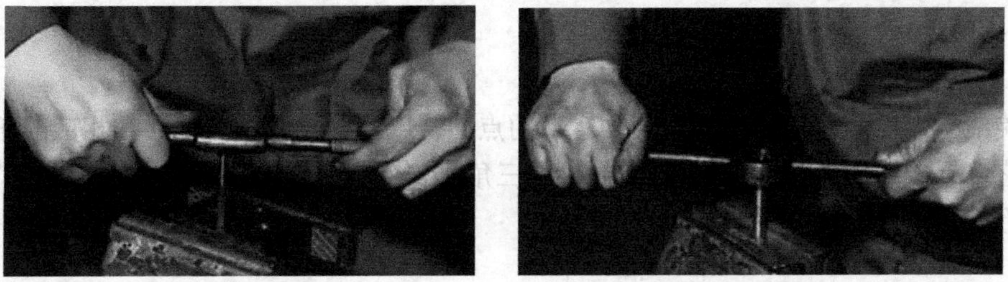

（a）攻螺纹　　（b）套螺纹

图 7-1　钳工加工螺纹

项目学习目标

学习内容		学习方式
知识目标	①了解和认识螺纹的形成与基本要素 ②熟悉螺纹的种类与标记 ③掌握攻螺纹前底孔直径和不通孔深度的确定 ④掌握套螺纹前工件圆杆直径的确定	①实训（观摩）+理论 ②教师讲授、启发、引导、互动式教学
技能目标	①掌握攻螺纹的操作方法 ②掌握套螺纹的操作方法 ③学会分析解决攻、套螺纹中的质量问题 ④能完成长四方块的攻、套螺纹工作	教师演示，学生实训，教师巡回指导
情感目标	激发学生对钳工技术的兴趣，培养胆大心细的素养和团队合作意识	小组讨论，取长补短，相互协作

项目学习内容

活动一　认识螺纹

螺纹在各种机器中应用非常广泛，如台虎钳中活动钳口与固定钳口的移动丝杠，在车床丝杠与开合螺母之间利用螺纹传递动力，如图 7-2 所示。

（a）台虎钳丝杠

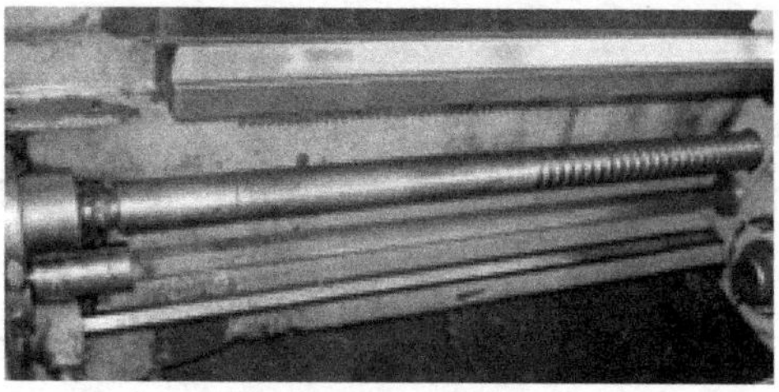

（b）车床长丝杠

图 7-2　带螺纹的机械部件

一、螺纹与螺旋线

1．螺旋线

螺旋线是沿着圆柱（或圆锥）表面运动的点的轨迹，该点的轴向位移和相应的角位移成正比。它可看成底边等于圆柱周长πd的直角三角形 *ABC* 绕圆柱旋转一周，斜边 *AC* 在该表面上所形成的曲线，如图 7-3 所示。

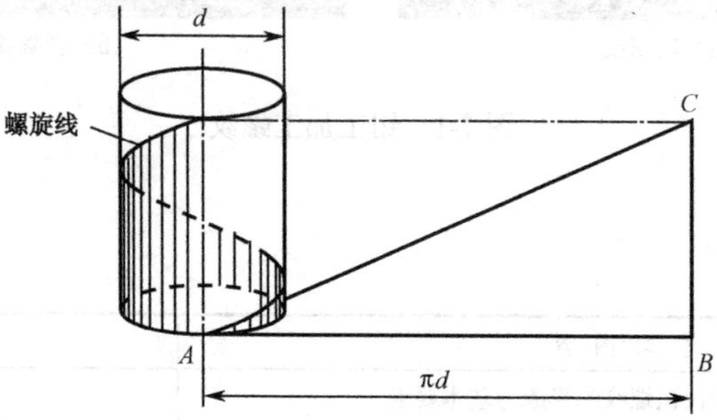

图 7-3　螺旋线的形成原理

2．螺纹

在圆柱（或圆锥）表面上，沿着螺旋线所形成的具有规定牙型且连续的凸起和沟槽，称为螺纹，如图 7-4 所示。

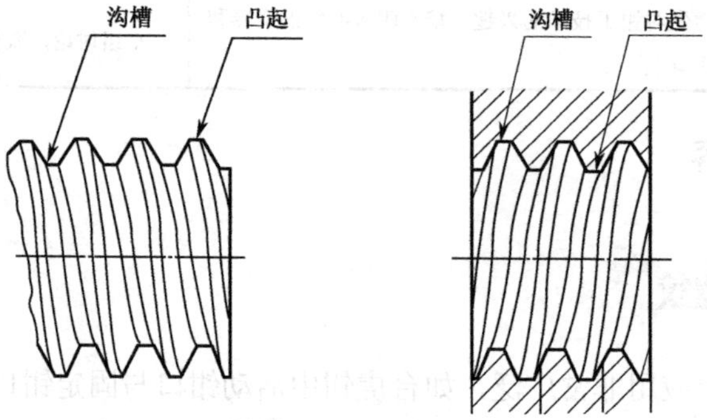

图 7-4　螺纹

二、螺纹的种类

螺纹应用广泛且种类繁多，可从用途、牙型、螺旋线方向、线数等方面进行分类。

1. 按牙型分类

螺纹按牙型分类的基本情况见表 7-1。

表 7-1 螺纹按牙型分类

分类	图解		特点说明	应用
	牙型	结构		
三角形			牙型为三角形，牙型角 60°；粗牙螺纹应用最广	用于紧固、连接、调节等
矩形	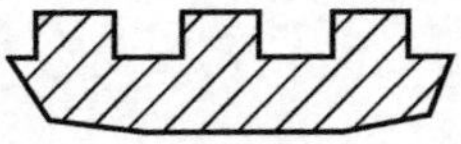		牙型为矩形，牙型角为 0°；其传动效率高，但牙根强度低，精加工困难	用于螺旋传动
锯齿形		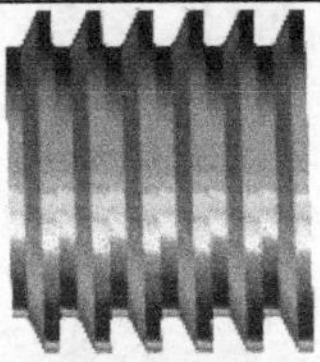	牙型为锯齿形，牙型角为 33°；牙根强度高	用于单向螺旋传动（多用于起重机械或压力机械）
梯形		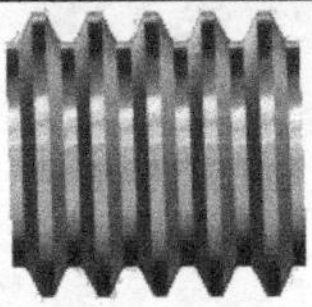	牙型为梯形，牙型角为 30°；牙根强度高，易加工	广泛用于机床设备的螺旋传动

2. 按螺旋线方向分类

螺纹按旋向分类可分为左旋螺纹和右旋螺纹。顺时针旋入的螺纹为右旋螺纹，逆时针旋入的螺纹为左旋螺纹，如图 7-5 所示。

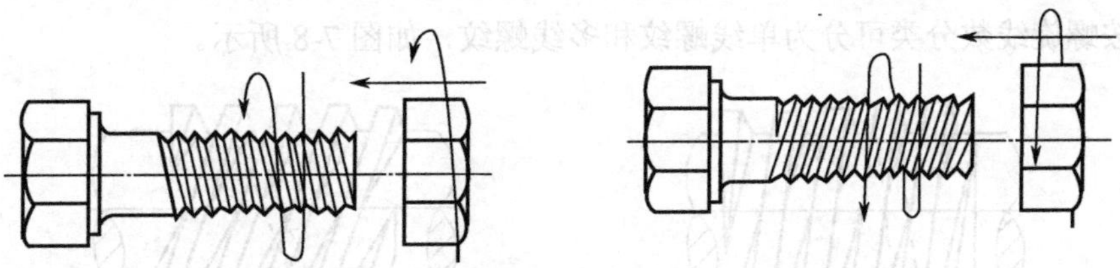

（a）右旋螺纹　　（b）左旋螺纹

图 7-5 螺纹的旋向

提示

右旋螺纹和左旋螺纹的旋向，可用图 7-6 所示的方法来判断，即把螺纹铅垂放置，右侧高的为右旋螺纹，左侧高的为左旋螺纹。也可以用右手法则来判断，即伸出右手，掌心对着自己，四指并拢与螺纹轴线平行，并指向旋入方向，若螺纹的旋向与拇指的指向一致，则为右旋螺纹，反之则为左旋螺纹，如图 7-7 所示。一般常用右旋螺纹。

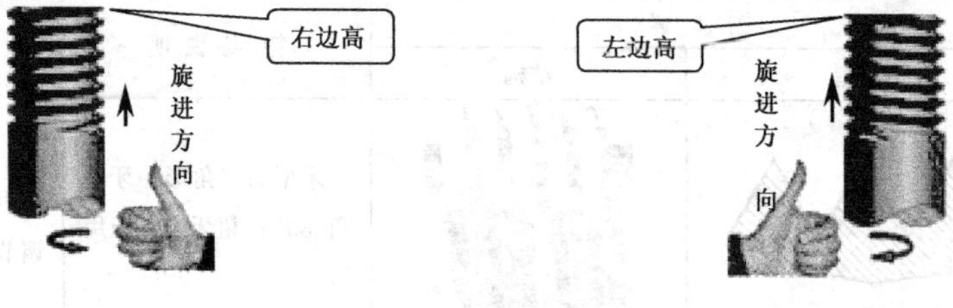

（a）右旋螺纹　（b）左旋螺纹

图 7-6　螺纹旋向的判断

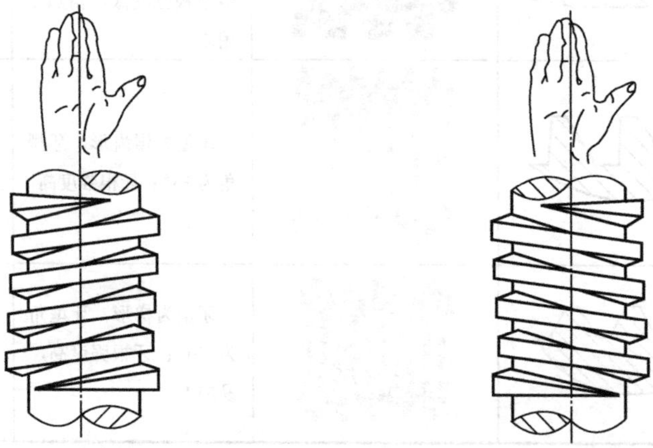

（a）右旋螺纹　（b）左旋螺纹

图 7-7　用右手法则判断螺纹的旋向

3．按螺旋线数分类

螺纹按螺旋线数分类可分为单线螺纹和多线螺纹，如图 7-8 所示。

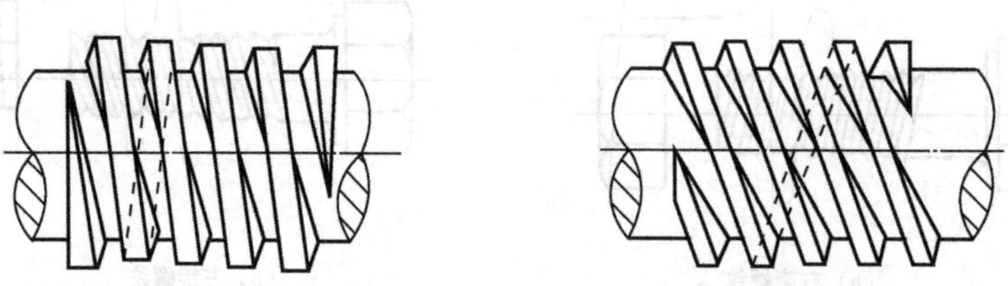

（a）单线螺纹　（b）多线螺纹

图 7-8　按螺旋线数分类

提示

单线螺纹是沿一条螺旋线所形成的螺纹，多用于螺纹连接；多线螺纹是沿两条（或两条以上）在轴向等距分布的螺旋线所形成的螺纹，多用于螺旋传动。

4．按螺旋线形成表面分类

按螺旋线形成表面分类，螺纹可分为外螺纹和内螺纹，如图 7-9 所示。

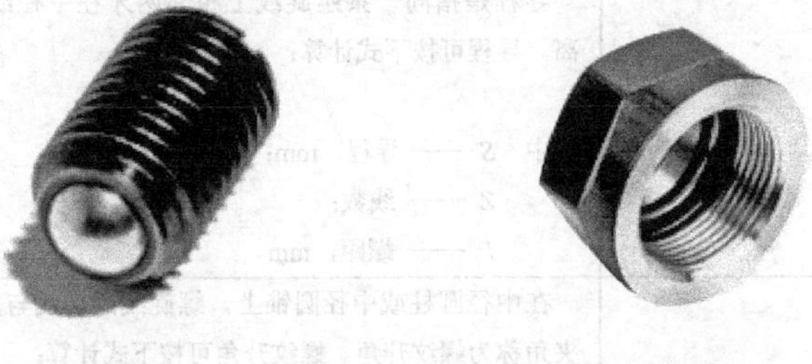

（a）外螺纹　　（b）内螺纹

图 7-9　按螺旋线形成表面分类

5．按螺纹母体形状分类

按螺纹母体形状可分为圆柱螺纹和圆锥螺纹，如图 7-10 所示。

（a）圆柱螺纹　　（b）圆锥螺纹

图 7-10　按螺纹母体形状分类

三、螺纹的基本要素

尽管螺纹有多种牙型，但它们均由一些基本要素构成，如图 7-11 所示（以三角形螺纹为例）。螺纹基本要素释义见表 7-2。

表 7-2　螺纹基本要素释义

名　称	代　号		含　义
	外螺纹	内螺纹	
牙型角	α		在螺纹牙型上，相邻两牙侧面的夹角（三角形螺纹牙型角 α=60°）
牙型高度	h_1		在螺纹牙型上，牙顶到牙底在垂直于螺纹轴线方向上的距离
螺纹大径	d	D	指与外螺纹牙顶或内螺纹牙底相切的假想圆柱或圆锥的直径。外螺纹和内螺纹的大径分别用 d 和 D 表示（螺纹公称直径是代表螺纹尺寸的直径，一般是指螺纹大径的基本尺寸）

续表

名称	代号		含义
	外螺纹	内螺纹	
螺纹小径	d_1	D_1	指与外螺纹牙底或内螺纹牙顶相切的假想圆柱或圆锥的直径。外螺纹和内螺纹的小径分别用 d_1 和 D_1 表示
螺纹中径	d_2	D_2	螺纹中径是一个假想圆柱或圆锥的直径，该圆柱或圆锥的素线通过牙型上沟槽和凸起宽度相等的地方。同规格的外螺纹中径 d_2 和内螺纹中径 D_2 的公称尺寸相等
螺距	P		螺距是指相邻两牙在中径线上对应两点间的轴向距离
导程	S		导程是指同一条螺旋线上相邻两牙在中径线上对应两点间的轴向距离。导程可按下式计算： $S=ZP$ 式中 S —— 导程，mm； Z —— 线数； P —— 螺距，mm
螺纹升角	ψ		在中径圆柱或中径圆锥上，螺旋线的切线与垂直于螺纹轴线的平面的夹角称为螺纹升角。螺纹升角可按下式计算： $\tan\psi=S/\pi d_2=ZP/\pi d_2$ 式中 ψ —— 螺纹升角，°； P —— 螺距，mm； d_2 —— 中径，mm； Z —— 线数； S —— 导程，mm

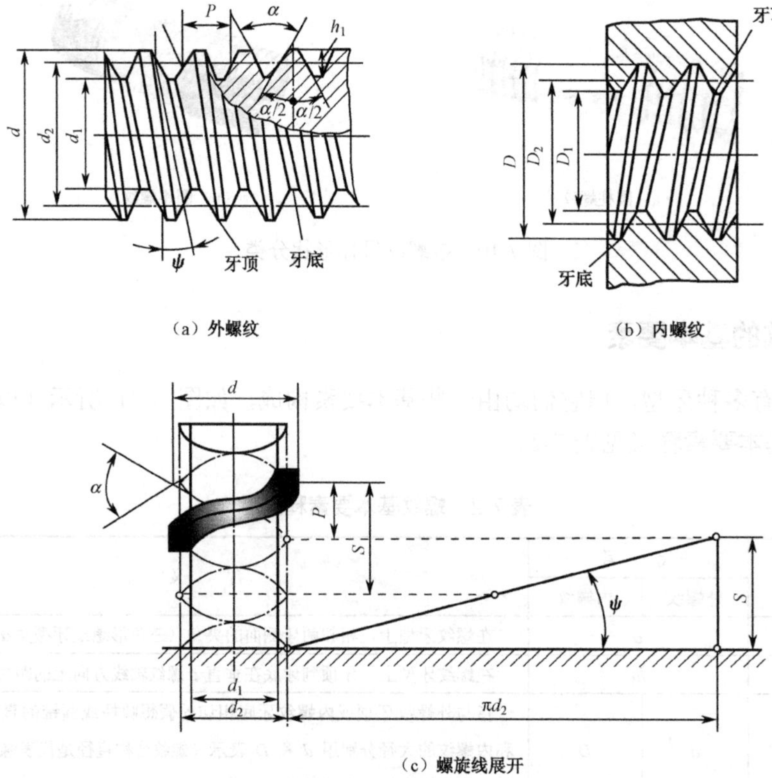

（a）外螺纹

（b）内螺纹

（c）螺旋线展开

图 7-11　螺纹的基本要素

四、三角形螺纹的标记

1. 普通螺纹

普通螺纹分为粗牙螺纹和细牙螺纹，其标记见表 7-3。

表 7-3 普通螺纹的标记

普通螺纹	特征代号	牙型角	标记方法	标记示例
粗牙	M	60°	①粗牙普通螺纹不标螺距 ②右旋不标旋向代号 ③旋合长度有长旋合长度 L、中等旋合长度 N 和短旋合长度 S，中等旋合长度不标注 ④在螺纹公差带代号中，前者为中径公差带代号，后者为顶径公差带代号，两者相同时只标一个	M30LH–6g–L 粗牙普通螺纹 公称直径 左旋 中径和顶径公差带代号 长旋合长度
细牙				M30X2-6H7H 细牙普通螺纹 公称直径 螺距 中径公差带代号 顶径公差带代号

2. 小螺纹

小螺纹是指公称直径范围为 0.3～1.4mm 的一般用途的小螺纹，其螺距范围为 0.08～0.3mm。小螺纹标记示例如下：

S 0.3L H
左旋
公称直径
小螺纹特征代号

3. 管螺纹

管螺纹是在管子上加工的特殊的细牙螺纹，如图 7-12 所示，其使用范围仅次于普通螺纹，管螺纹的牙型有 55° 和 60° 两种。

图 7-12 管螺纹

常见的管螺纹有 55° 非密封管螺纹、55° 密封管螺纹、60° 密封管螺纹和米制锥螺纹 4 种，其中 55° 非密封管螺纹用得较多。管螺纹的标记与应用见表 7-4。

表 7-4 管螺纹的标记与应用

<table>
<tr><th colspan="2">种 类</th><th>特征代号</th><th>牙型角</th><th>标 记 示 例</th><th>用 途</th></tr>
<tr><td colspan="2">55° 非密封管螺纹</td><td>G</td><td rowspan="5">55°</td><td>G 1 A
55° 非密封管螺纹
尺寸代号
外螺纹公差带等级代号</td><td>适用于管接头、旋塞、阀门及其附件</td></tr>
<tr><td rowspan="4">55° 密封管螺纹</td><td>圆锥内螺纹</td><td>R_c</td><td rowspan="4">$R_c1\frac{1}{2}-LH$
55° 密封圆锥内管螺纹
尺寸代号
左旋</td><td rowspan="4">适用于管接头、旋塞、阀门及附件</td></tr>
<tr><td>圆柱内螺纹</td><td>R_p</td></tr>
<tr><td>与圆柱内螺纹配合的圆锥外螺纹</td><td>R_1</td></tr>
<tr><td>与圆锥内螺纹配合的圆锥外螺纹</td><td>R_2</td></tr>
<tr><td rowspan="2">60° 密封管螺纹</td><td>圆锥管螺纹（内外）</td><td>NPT</td><td rowspan="3">60°</td><td>NPT3/4–LH
55° 密封圆锥管螺纹
尺寸代号
左旋</td><td rowspan="2">适用于机床上的油管、水管、气管的连接</td></tr>
<tr><td>与圆锥外螺纹配合的圆柱内螺纹</td><td>NPSC</td><td>NPSC3/4
与圆锥外螺纹配合的60° 密封管螺纹
尺寸代号</td></tr>
<tr><td colspan="2">米制锥螺纹（管螺纹）</td><td>ZM</td><td>2M20–S
米制锥螺纹
基面上螺纹公称直径
短基距</td><td>适用于气体或液体管路系统依靠螺纹密封的连接螺纹（水、煤气管道用螺纹除外）</td></tr>
</table>

活动二 攻螺纹工具的认知与使用

用丝锥在工件孔中切削出内螺纹的加工方法称为攻螺纹，也称攻丝。常用的攻、套螺纹工具箱如图 7-13 所示。

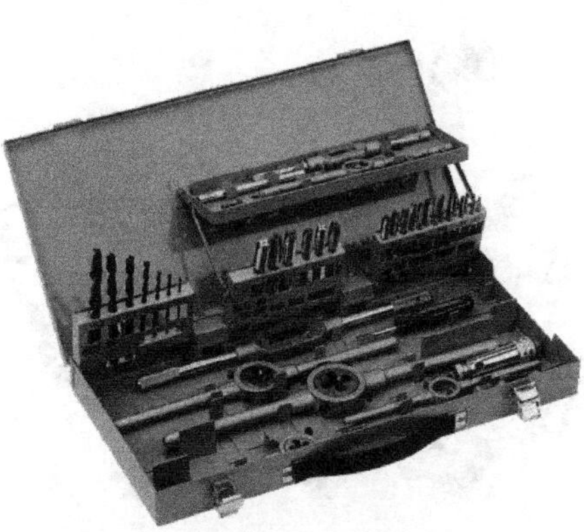

图 7-13 常用攻、套螺纹工具箱

一、丝锥

丝锥也叫丝攻，是一种成形多刃刀具，如图 7-14 所示。其本质即为一螺钉，开有纵向沟槽，以形成切削刃和容屑槽。其结构简单，使用方便，在小尺寸的内螺纹加工方面应用极为广泛。

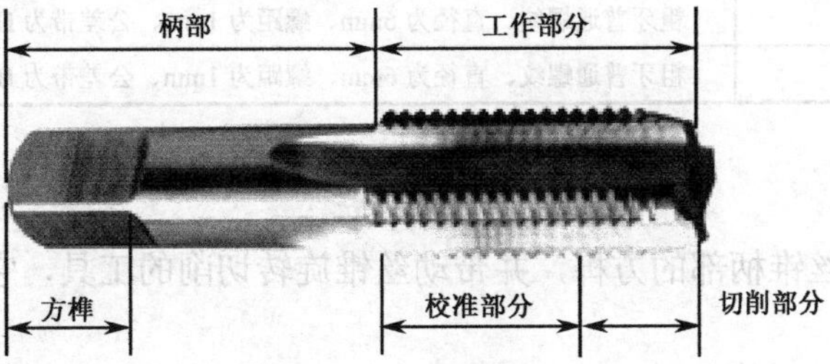

图 7-14 丝锥的结构

1. 丝锥的分类

丝锥可分为机用丝锥和手用丝锥两类，如图 7-15 所示。机用丝锥通常由高速钢制成，一般是单独一支；手用丝锥由碳素工具钢或合金工具钢制成，一般由两支或三支组成一组。

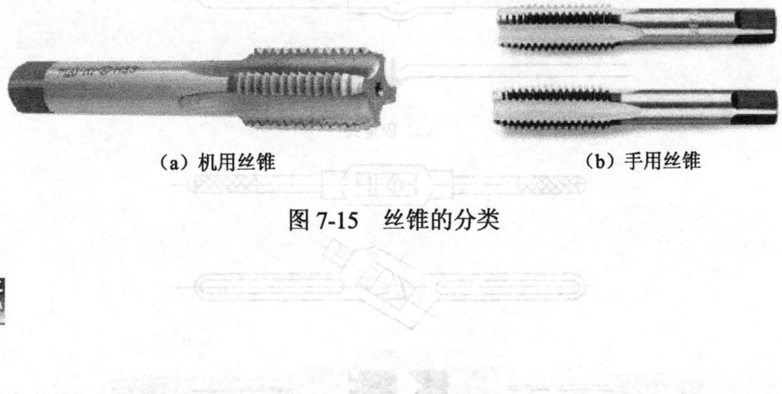

（a）机用丝锥　　（b）手用丝锥

图 7-15 丝锥的分类

提示

对于成组丝锥，为了减少切削力和延长其使用寿命，一般将整个切削量分配给几支丝锥来承担。通常 M6～M24 的丝锥一套为两支，称为头锥、二锥；M6 以下以及 M24 以上一套有三支，即头锥、二锥、三锥。

2. 丝锥的标志

每一种丝锥都有相应的标志，这对正确选用丝锥是很重要的。丝锥的标志有制造厂商、螺纹代号、丝锥公差带代号、材料代号、不等径成组丝锥的粗锥代号等，具体见表 7-5。

表 7-5 丝锥的标志

标 志	说 明
机用丝锥中锥 M10-H1	粗牙普通螺纹、直径为 10mm、螺距为 1.5mm、公差带为 H1、单支中锥机用丝锥
机用丝锥 2-M12-H2	粗牙普通螺纹、直径为 12mm、螺距为 1.75mm、公差带为 H2、两支一组等径机用丝锥

续表

标　志	说　明
机用丝锥（不等径）2-M27-H1	粗牙普通螺纹、直径为 27mm、螺距为 3mm、公差带为 H1、两支一组不等径机用丝锥
手用丝锥中锥 M10	粗牙普通螺纹、直径为 10mm、螺距为 1.5mm、公差带为 H4、单支中锥手用丝锥
长柄机用丝锥 M6-H2	粗牙普通螺纹、直径为 6mm、螺距为 1mm、公差带为 H2、长柄机用丝锥
短柄螺母丝锥 M6-H2	粗牙普通螺纹、直径为 6mm、螺距为 1mm、公差带为 H2、矩柄螺母丝锥
长柄螺母丝锥 I-M6-H2	粗牙普通螺纹、直径为 6mm、螺距为 1mm、公差带为 H2、I 型长柄螺母丝锥

二、铰杠

铰杠是用来夹持丝锥柄部的方榫，并带动丝锥旋转切削的工具，它有普通铰杠与丁字铰杠之分。

1．普通铰杠

普通铰杠如图 7-16 所示，它有固定式和可调式两种。固定式铰杠的孔尺寸是固定的，使用时要根据丝锥尺寸选用，它制造方便，成本低，多用于 M5 以下的丝锥。可调式铰杠的方孔尺寸是可调节的。常用可调式铰杠的柄长有 6 种，以适应不同规格的丝锥，见表 7-6。

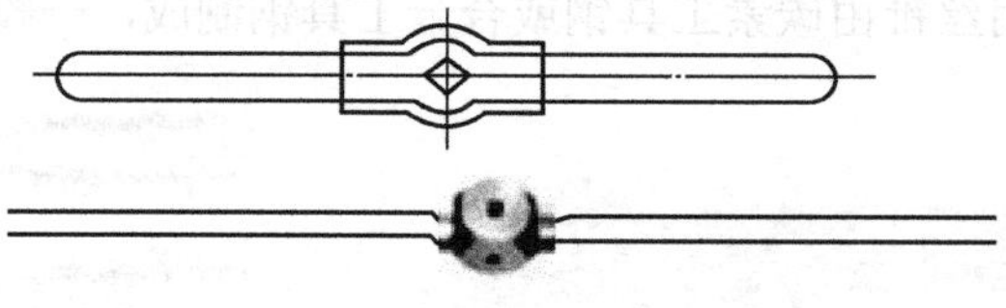

（a）固定式

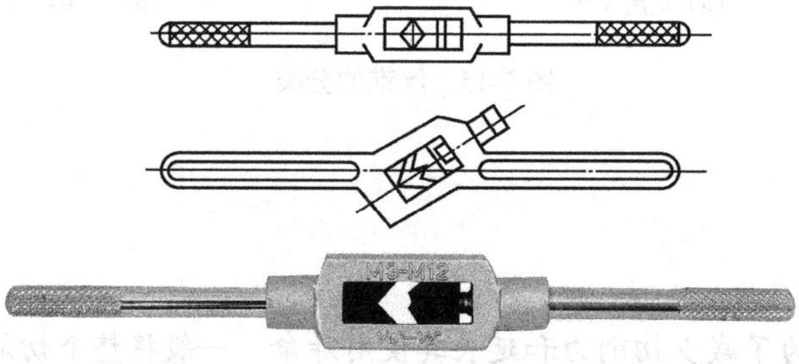

（b）可调式

图 7-16　普通铰杠

表 7-6　可调式铰杠的规格

规格（mm）	150	225	275	375	475	600
适用范围	M5～M8	M8～M12	M12～M14	M14～M16	M16～M22	M24 以上

2．丁字铰杠

丁字铰杠适用于攻制工件台阶旁边或机体内部的螺纹，丁字铰杠也分固定式和可调式。可调式丁字铰杠通过一个四爪的弹簧夹头来夹持不同尺寸的丝锥，如图 7-17 所示，一般用于 M6 以下的丝锥。

三、丝锥夹头

当螺纹数量很大时，为提高生产效率，可在钻床上攻螺纹，因此要用丝锥夹头来装夹丝锥和传递攻螺纹转矩。常用的机用攻螺纹丝锥夹头分为快换夹头和丝锥夹头，如图 7-18 所示。

图 7-17 可调式丁字铰杠

（a）快换夹头 （b）丝锥夹头

图 7-18 机用攻螺纹丝锥夹头

活动三 攻螺纹的操作方法

一、底孔直径与深度的确定

1. 底孔直径的确定

攻螺纹时，每个切削刃一方面在切削金属，另一方面也在挤压金属，因而会产生金属凸起并向牙尖流动的现象，被丝锥挤出的金属会卡住丝锥甚至将其折断，因此底孔直径应比螺纹小径略大，这样挤出的金属流向牙尖正好形成完整螺纹，又不卡住丝锥。

底孔直径的确定要根据工件的材料、螺纹直径来考虑，可查表 7-7 或用经验公式算出。

表 7-7 攻普通螺纹钻底孔的钻头直径 单位：mm

螺纹大径 D	螺距 P	钻头直径 D_0 铸铁、青铜、黄铜	钻头直径 D_0 钢、可锻铸铁、纯铜、层压板
5	0.8	4.1	4.2
	0.5	4.5	4.5
6	1	4.9	5
	0.75	5.2	5.2
8	1.25	6.6	6.7
	1	6.9	7
	0.75	7.1	7.2
10	1.5	8.4	8.6
	1.25	8.6	8.7
	1	8.9	9
	0.75	9.1	9.2

续表

螺纹大径 D	螺距 P	钻头直径 D_0	
		铸铁、青铜、黄铜	钢、可锻铸铁、纯铜、层压板
12	1.75	10.1	10.2
	1.5	10.4	10.5
	1.25	10.6	10.7
	1	10.9	11
14	2	11.8	12
	1.5	12.4	12.5
	1	12.9	13
16	2	13.8	14
	1.5	14.4	14.5
	1	14.9	15
18	2.5	15.3	15.5
	2	15.8	16
	1.5	16.4	16.5
	1	16.9	17
20	2.5	17.3	17.5
	2	17.8	18
	1.5	18.4	18.5
	1	18.9	19

底孔直径经验计算公式如下：

脆性材料　　$D_0 = D - 1.05P$

塑性材料　　$D_0 = D - P$

式中　D_0——底孔直径，mm；

D—— 螺纹大径，mm；

P—— 螺距，mm。

2．钻孔深度的确定

当攻不通孔（盲孔）的螺纹时，由于丝锥不能攻到底，因此孔的深度往往要钻得比螺纹的长度长一些。盲孔的深度可按下面的公式计算：

$$钻孔深度 = 所需螺纹的深度 + 0.7D$$

式中　D —— 螺纹大径，mm。

二、丝锥切削用量的分配

用成组丝锥攻螺纹时，不同的丝锥承担了不同切削用量的分配。成组丝锥切削用量的分配方式有锥形分配和柱形分配两种。

1．锥形分配

如图 7-19 所示，在一组丝锥中，每支丝锥的大径、中径、小径都相等，只是切削部分的切削锥角与长度不等，这种锥形分配切削用量的丝锥也称等径丝锥。当攻螺纹时，用头锥可一次切削完成，其他丝锥用得较少。头锥可一次攻削完成，但切削厚度大，切削变形严重，加工表面粗糙度差。同时，头锥丝锥的磨损也较为严重，一般 M12 以下的丝锥采用锥形分配。

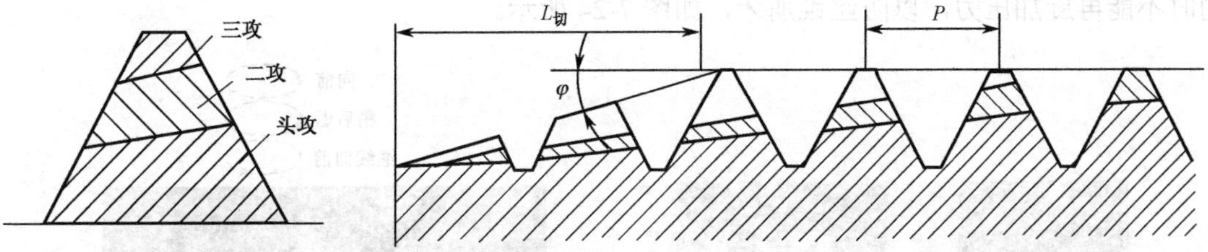

图 7-19 锥形分配

2. 柱形分配

如图 7-20 所示，柱形分配切削量的丝锥也称不等径丝锥，即头锥、二锥的大径、中径、小径都比三锥小。头锥的大径小，二锥的大径大，切削量分配较合理，各丝锥的磨损量差别也小，使用寿命长。三锥参加少量的切削，所以加工表面粗糙度较好。一般 M12 以上的丝锥采用柱形分配。

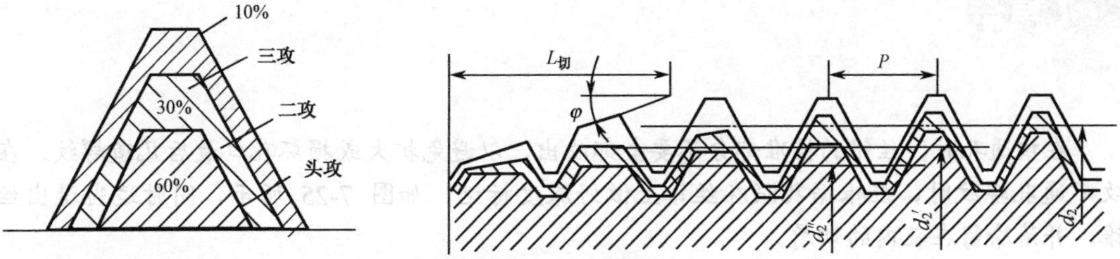

图 7-20 柱形分配

三、攻螺纹的操作步骤与方法

攻螺纹的操作步骤与方法如下。

① 按图样要求，在相应的位置划出加工线，并钻出底孔，如图 7-21 所示。

② 在通孔两端进行孔口倒角，使丝锥定位，容易进入，并可防止在孔口挤压出凸台。

③ 用右手掌按住铰杠中部，沿丝锥轴线用力加压，左手配合作顺时针旋转，开始攻螺纹，如图 7-22 所示。

图 7-21 钻底孔

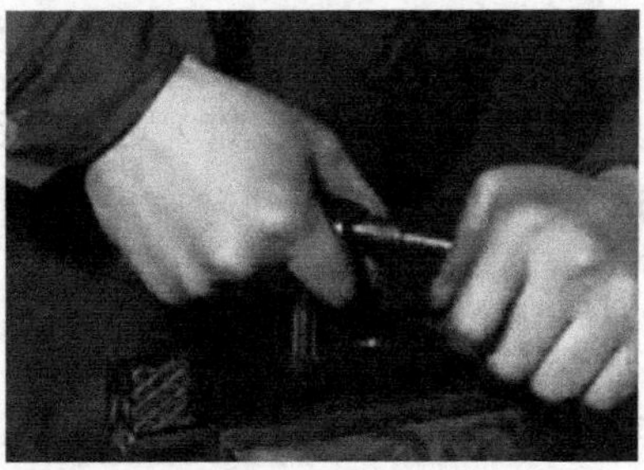

图 7-22 起攻

④ 当旋入 1～2 圈后，取下铰杠，用角尺检查丝锥与孔端面的垂直度，如图 7-23 所示。如不垂直，应立即校正至垂直。

⑤ 当切削部分已切入工件后，每转 1～2 圈后应反转 1/4 圈，以便于切屑碎断和排出；同时不能再旋加压力，以防丝锥崩牙，如图 7-24 所示。

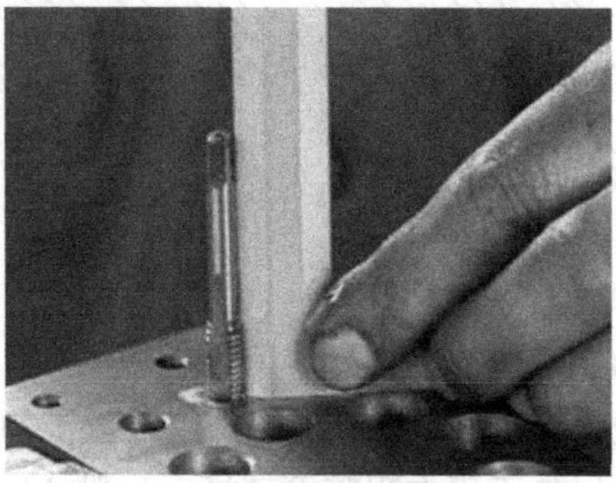

图 7-23 检查校正

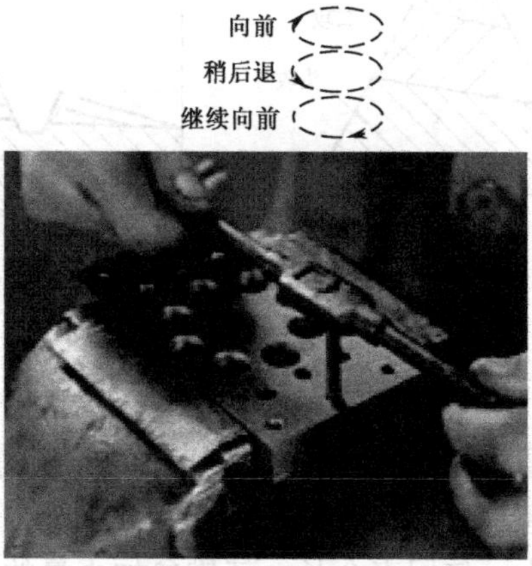

图 7-24 正常攻削

提示

在攻通孔时，丝锥的校准部分不要全部攻出，以避免扩大或损坏孔口最后几道螺纹。在攻不通孔螺纹时，应根据孔深在丝锥上做好深度标记，如图 7-25 所示，同时适当退出丝锥，并清除留在孔内的切屑。

图 7-25 做深度标记

⑥ 退出头锥，换二锥（或三锥）进行二攻（或三攻）。

提示

在换用二锥（或三锥）进行攻螺纹时，应先用手将丝锥旋入已攻出的螺纹中，直至用手旋不动后再用铰杠攻削。

攻螺纹时应用机油和浓度高的乳化液进行冷却润滑，如图 7-26 所示。在铸铁件上攻螺纹时，可用煤油进行冷却润滑。

图 7-26　机油润滑

活动四　在长四方块上攻螺纹

在长四方块上攻螺纹的图样如图 7-27 所示。

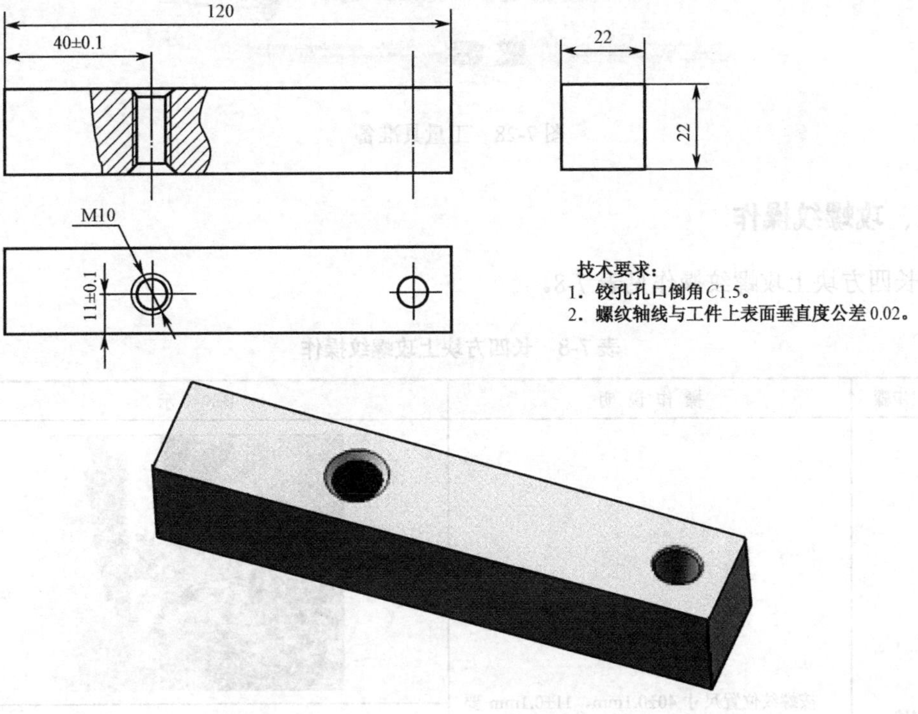

图 7-27　在长四方块上攻螺纹的图样

一、图样分析

本活动任务主要进行 M10 螺纹的加工，螺纹中心位置尺寸为 40±0.1mm、11±0.1mm。先进行划线，再钻底孔，最后孔口倒角。

二、材料与工量具准备

1. 材料

材料接钻、铰削工件，为 22mm×22mm×120mm 的 45 钢。

2. 工量具

选用 0.02mm/（0～150）mm 的游标卡尺、高度尺、M10 丝锥、铰杠、ϕ8.5mm 和 ϕ15mm 麻花钻，如图 7-28 所示。

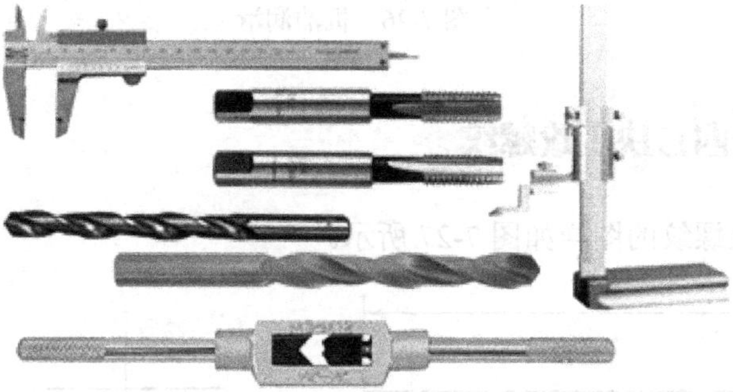

图 7-28 工量具准备

三、攻螺纹操作

在长四方块上攻螺纹操作见表 7-8。

表 7-8 长四方块上攻螺纹操作

加工步骤	操作说明	图示
划线	按螺纹位置尺寸 40±0.1mm、11±0.1mm 要求，划出底孔加工线	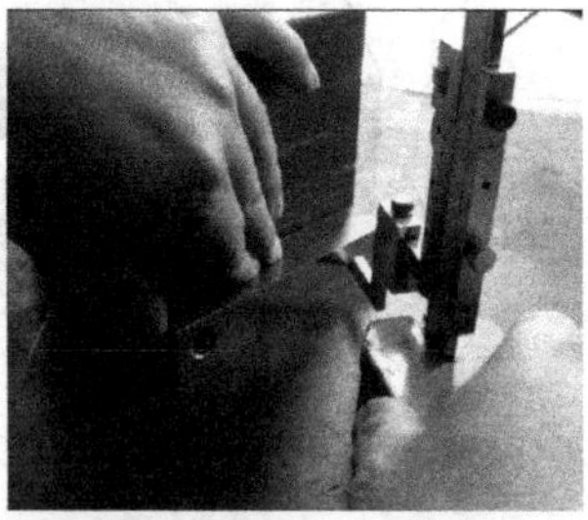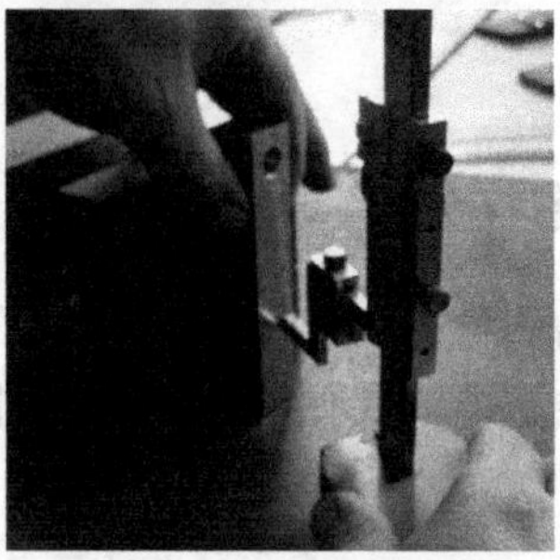

续表

加工步骤	操作说明	图示
打冲眼	用样冲在划线交叉处打冲眼	
钻底孔	安装ϕ8.5mm 麻花钻，找正位置后，钻出螺纹底孔	
孔口倒角	换装ϕ15mm 麻花钻，在孔两端倒角 *C*1.5	
安装工件和丝锥	取下工件，将工件装夹在台虎钳上，并将M10头攻丝锥装夹在铰杠上	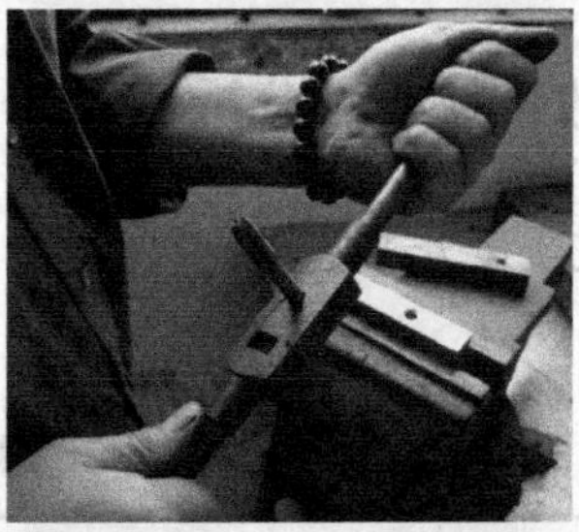
起攻	用右手掌按住铰杠中部，沿丝锥轴线用力加压，左手配合顺向旋进	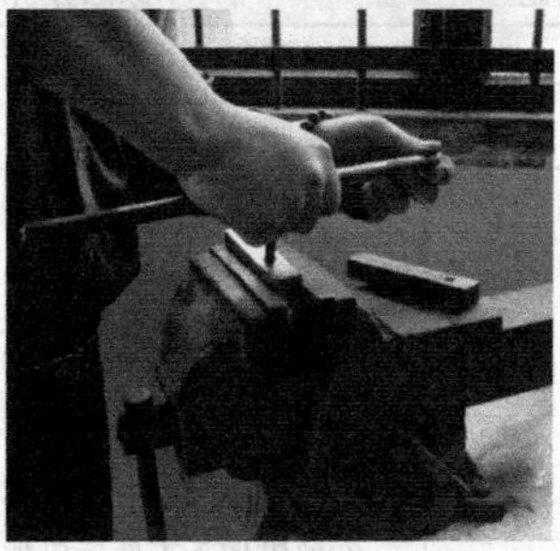

续表

加工步骤	操作说明	图示
检查	当丝锥攻入 1～2 圈后，用角尺从前后左右两个方向进行检查，以保证丝锥中心线与孔中心线重合	
正常攻削	当切削部分已切入工件后，铰杠不再加压力，靠丝锥进行旋进切削	
二攻	头攻完成后，退出头攻丝锥，改用二攻丝锥进行切削	

提示

在攻不通孔螺纹时，除了要在丝锥上做深度记号外，还应经常退出丝锥，并用小管子清除切屑，如图 7-29 所示。

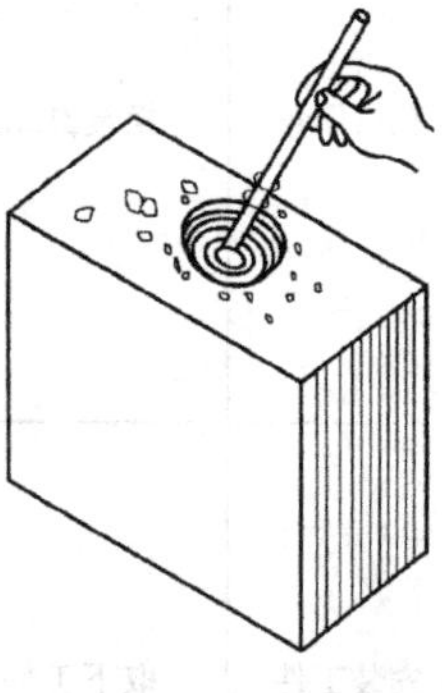

图 7-29 用小管子清除切屑

四、攻螺纹质量分析

攻螺纹质量分析见表 7-9。

表 7-9 攻螺纹质量分析

质量问题	原因分析	预防方法
螺纹牙深不够	①攻丝前底孔直径过大 ②丝锥磨损	①选用合适的麻花钻 ②修磨丝锥
螺纹乱牙	①底孔直径过小 ②攻丝时铰杠左右摆动 ③攻丝时头锥与二锥不重合 ④未清除切屑，造成切屑堵塞 ⑤攻不通孔时，深度没控制好 ⑥丝锥切入工件后仍加压攻螺纹	①认真计算底孔直径，选用合适的麻花钻 ②注意攻丝时铰杠的位置 ③按顺序用头攻、二攻，且应先将丝锥旋入 ④应经常退出丝锥清除切屑 ⑤在丝锥上做记号，攻至相应深度后不能再攻 ⑥丝锥切削部分攻入工件后应停止施压

续表

质量问题	原因分析	预防方法
螺纹歪斜	①丝锥位置不正确 ②丝锥与螺纹底孔不同轴	①用角尺检查，并校正 ②钻孔后不改变工件的位置，直接攻丝
螺纹表面粗糙	①丝锥前后角太小 ②丝锥磨损 ③丝锥刀齿上有积屑瘤 ④没充分浇注润滑液 ⑤切屑拉伤螺纹表面	①修磨丝锥 ②修磨或更换丝锥 ③用油石修磨 ④要经常浇注润滑液 ⑤及时清除切屑

活动五 套螺纹工具的认知与使用

一、板牙

板牙是加工外螺纹的标准刀具之一，其外形像螺母，所不同的是在其端面上钻有几个排屑孔而形成刀刃。

1. 圆板牙

圆板牙的结构如图 7-30 所示，其切削部分为两端的锥角部分。它不是圆锥面，是经过铲磨形成的阿基米德螺旋面。圆板牙前面就是排屑孔，前角大小沿着切削刃变化，外径处前角最小。板牙的中间一段是校准部分，也是导向部分。

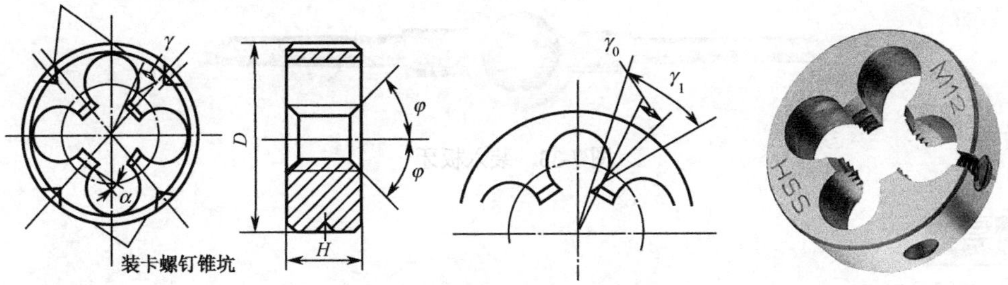

图 7-30 圆板牙的结构

2. 管螺纹板牙

管螺纹板牙可分为圆柱管螺纹板牙和圆锥管螺纹板牙，其结构与圆板牙相似。但圆锥管螺纹板牙只是在单面制成了切削锥，如图 7-31 所示，因而圆锥管螺纹板牙只能单面使用。

二、板牙架

板牙架用来装夹板牙，传递扭矩，如图 7-32 所示。不同外径的板牙应选用不同的板牙架。板牙装入后，用螺钉紧固，如图 7-33 所示。

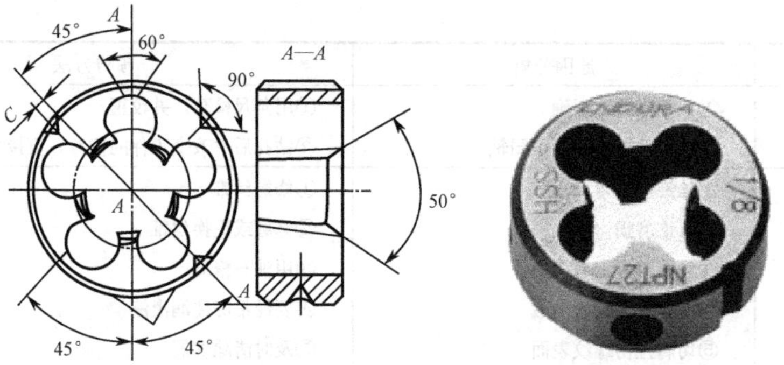

图 7-31　圆锥管螺纹板牙

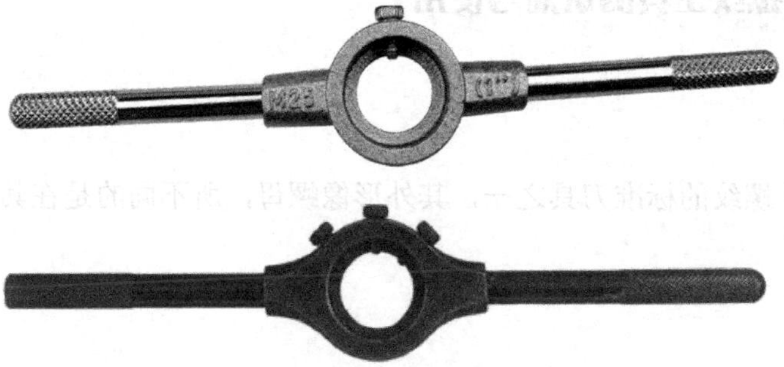

图 7-32　板牙架

图 7-33　装入板牙

提示

板牙在安装时，应将板牙上的螺钉锥坑与板牙架上的螺钉对准，这样才能起到紧固安装的作用，否则在加工过程中，板牙会发生转动。

活动六　套螺纹的操作方法

一、圆杆直径的确定

与攻螺纹一样，套螺纹的切削过程中也有挤压作用，因而，工件圆杆直径就要小于螺纹大径，可用下式计算：

$$d_0 = d - 0.13P$$

式中，d_0—— 圆杆直径，mm；

d —— 外螺纹大径，mm；

P —— 螺距，mm。

实际工作中也可通过查表选取不同螺纹的圆杆直径，见表 7-10。

表 7-10　套螺纹时的圆杆直径

粗牙普通螺纹				圆柱管螺纹		
螺纹直径（mm）	螺距（mm）	圆杆直径（mm）		螺纹直径（in）	管子外径（mm）	
		最小直径	最大直径		最小直径	最大直径
M6	1	5.8	5.9	1/8	9.4	9.5
M8	1.25	7.8	7.9	1/4	12.7	13
M10	1.5	9.75	9.85	3/8	16.2	16.5
M12	1.75	11.75	11.9	1/2	20.5	20.8
M14	2	13.7	13.85	5/8	22.5	22.8
M16	2	15.7	15.85	3/4	26	26.3
M18	2.5	17.7	17.85	7/8	29.8	30.1
M20	2.5	19.7	19.85	1	32.8	33.1
M22	2.5	21.7	51.85	$1\frac{1}{8}$	37.4	37.7
M24	3	23.65	23.8	1/4	41.4	41.7
M27	3	26.65	26.8	$1\frac{3}{8}$	43.8	44.1
M30	3.5	29.6	29.8	$1\frac{1}{2}$	47.3	47.6
M36	4	35.6	35.8	—	—	—
M42	4.5	41.55	41.75	—	—	—
M48	5	47.5	47.7	—	—	—
M52	5	51.5	51.7	—	—	—
M60	5.5	59.45	59.7	—	—	—
M64	6	63.4	63.7	—	—	—
M68	6	67.4	67.7	—	—	—

为了使板牙起套时容易切入工件并做正确的引导，圆杆端部要倒一个 15°～20° 的角，如图 7-34 所示。

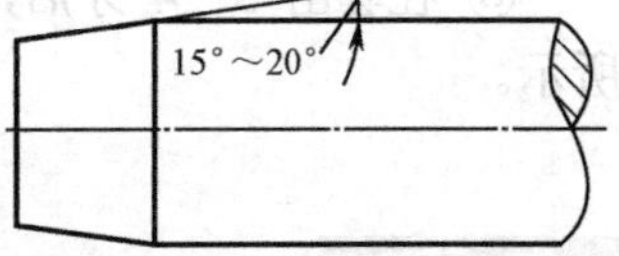

图 7-34　圆杆倒角

提示

圆杆在倒角时，为避免螺纹端部出现峰口和卷边，其倒角的最小直径可略小于螺纹小径。

二、套螺纹的操作方法

① 用铜衬垫将工件装夹在台虎钳上，如图 7-35 所示。

② 用锉刀对圆杆端部进行倒角，如图 7-36 所示。

图 7-35　装夹工件

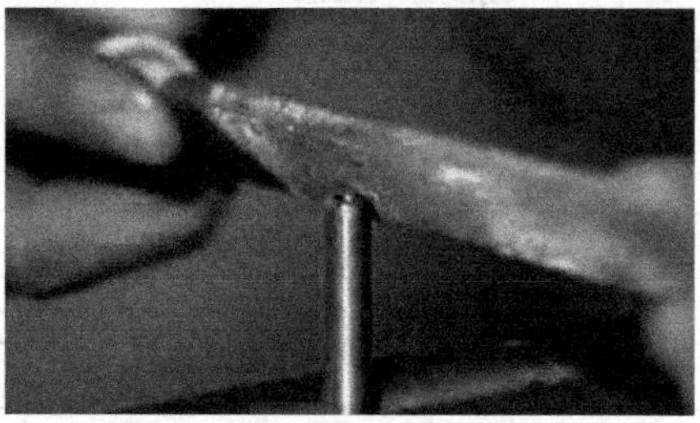

图 7-36　圆杆倒角

③ 右手按住板牙架中部，沿圆杆轴向施加压力，左手配合按顺时针方向切进，如图 7-37 所示。

提示

起套时，动作要慢，压力要大。

④ 在板牙套出 2～3 牙时，用角尺检查板牙与圆杆轴线的垂直度，如图 7-38 所示，如有误差，应及时校正。

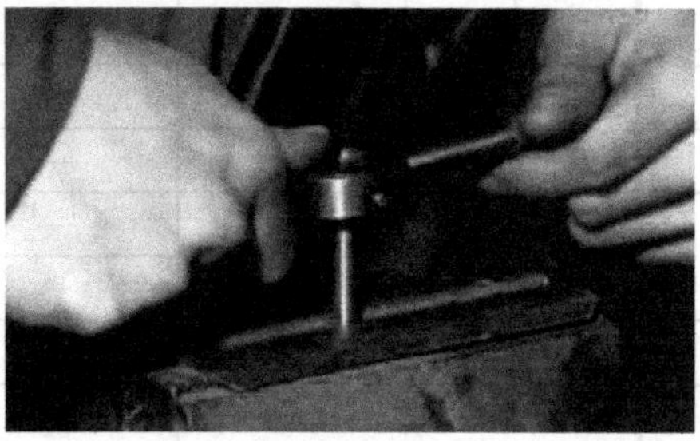

图 7-37　起套

图 7-38　检查垂直度

⑤ 在套出 3～4 牙后，可只转动板牙架而不加力，让板牙依靠螺纹自然切入，如图 7-39 所示。

提示

在套丝过程中应经常反转 1/4～1/2 圈，以便断屑。另外，在钢制圆杆上套螺纹时，要加注机油或浓的乳化液润滑，如图 7-40 所示。

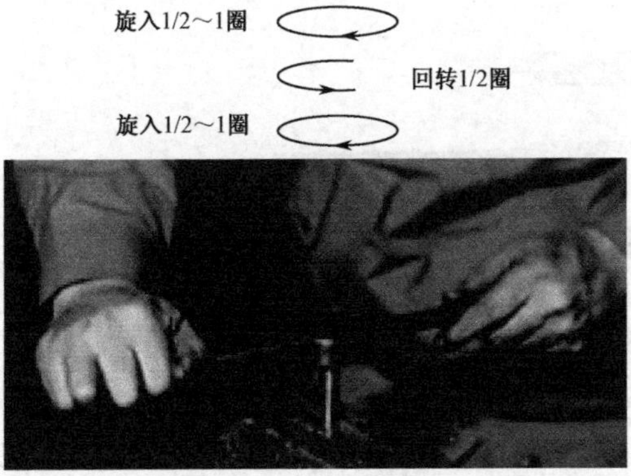

图 7-39 正常套削

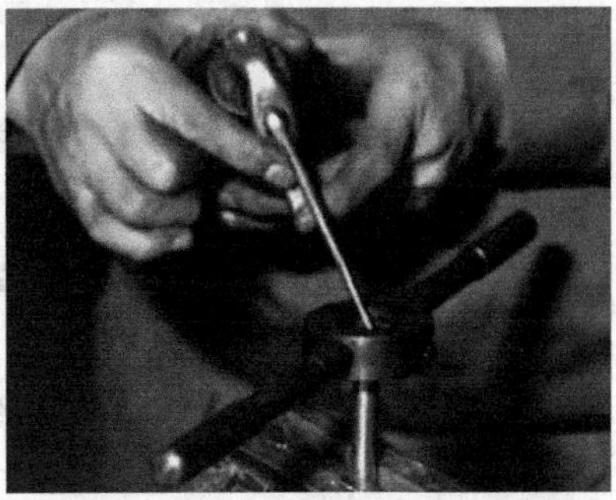

图 7-40 加注机油润滑

活动七 在圆杆上套螺纹

在圆杆上套螺纹的图样如图 7-41 所示。

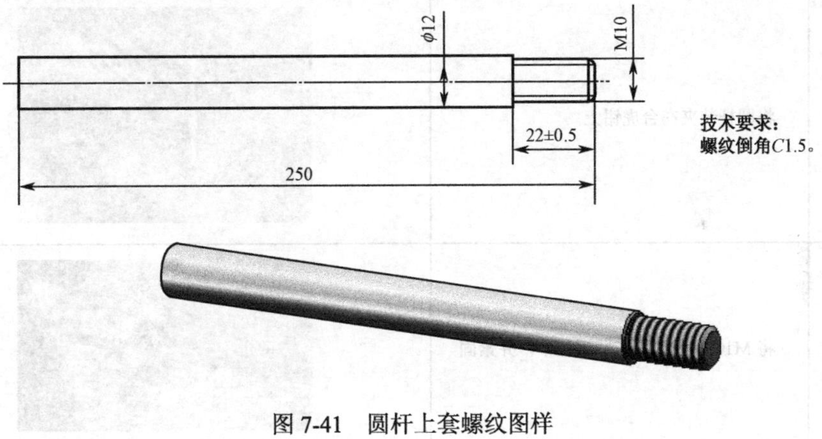

图 7-41 圆杆上套螺纹图样

一、图样分析

圆杆由车削加工完成，套螺纹（M10 螺纹）端直径约为ϕ9.8mm，台阶长 22±0.5mm，螺纹倒角 C1.5。

二、材料与工量具准备

1. 材料

材料为 45 钢，由车削完成。

2. 工量具

选用 0.02mm/（0～150）mm 的游标卡尺、M10 板牙、板牙架、锉刀，如图 7-42 所示。

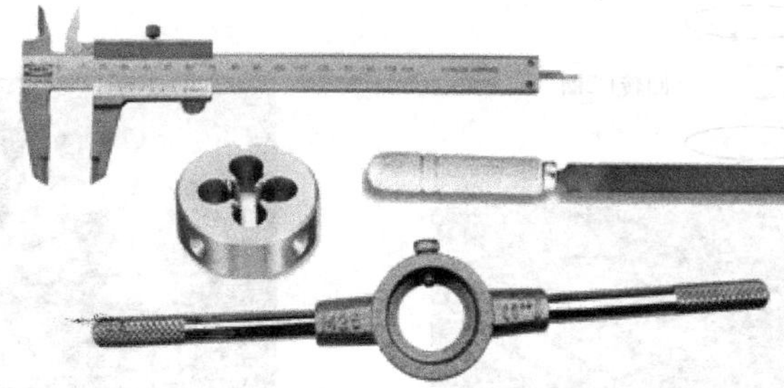

图 7-42 工量具准备

三、套螺纹操作

圆杆套螺纹操作见表 7-11。

表 7-11 圆杆套螺纹操作

加工步骤	操作说明	图示
装夹工件	将圆杆装夹在台虎钳上	
安装板牙	将 M10 板牙安装在板牙架中，并紧固	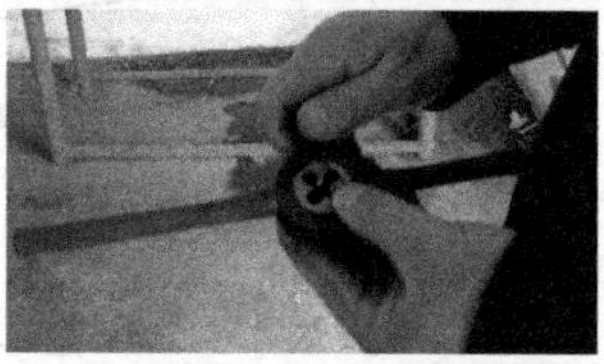
起套	用手按住板牙架中部，沿圆杆轴向施加压力，并按顺时针方向切进。动作要慢，压力要大	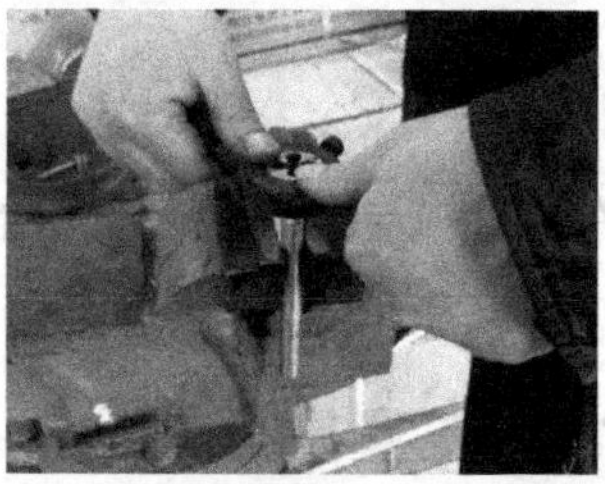
正常套丝	在套出 3～4 牙后，可只转动板牙架而不加力，让板牙依靠螺纹自然切入，套出螺纹	

提示

套螺纹时的切削力较大，为防止圆杆在装夹时夹出痕迹，一般用厚铜皮作为衬垫或采用V形块将圆杆装夹在虎钳中，如图7-43所示。

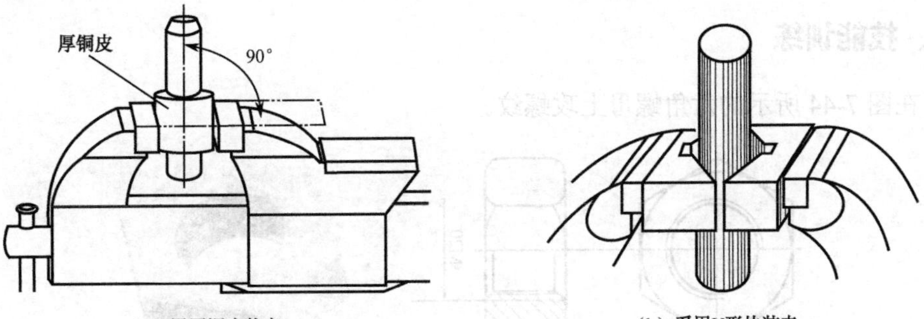

（a）用厚铜皮装夹　　（b）采用V形块装夹

图7-43　圆杆的装夹

四、套螺纹质量分析

套螺纹质量分析见表7-12。

表7-12　套螺纹质量分析

质量问题	原因分析	预防方法
螺纹歪斜	①圆杆端部倒角不合要求 ②套螺纹时两手用力不均匀	①使倒角长度大于一个螺距 ②两手用力要均匀、一致
螺纹乱牙	①圆杆直径不合要求 ②没及时清除切屑 ③未加润滑冷却液	①选用（或加工）直径合格的圆杆 ②经常倒转板牙，以利清除切屑 ③要及时充分加注润滑冷却液
螺纹形状不完整	①圆杆直径过小 ②调节圆板牙时直径太大	①更换合适的圆杆 ②调节好圆板牙，使其直径合适
螺纹表面粗糙	①未加注切削液 ②板牙刃口有积屑瘤	①及时充分加注润滑冷却液 ②去除积屑瘤，保持刃口锋利

项目评价

一、思考题

1. 螺纹的种类较多，按螺旋线方向可分为哪几种？如何判别螺纹的旋向？
2. 简述丝锥各组成部分的名称与作用。
3. 丝锥分为哪几类？其标志内容有哪些？
4. 攻螺纹时，底孔直径如何确定？
5. 当攻不通孔（盲孔）的螺纹时，钻孔深度如何确定？
6. 用成组丝锥攻螺纹时，其切削用量的分配方式有哪两种？

7．简述攻螺纹的操作要点。
8．简述板牙的结构特点。
9．套螺纹时圆杆直径如何确定？
10．套螺纹时为什么要在圆杆端部倒角？
11．简述套螺纹的操作要点。

二、技能训练

1．在图 7-44 所示的六角螺母上攻螺纹。

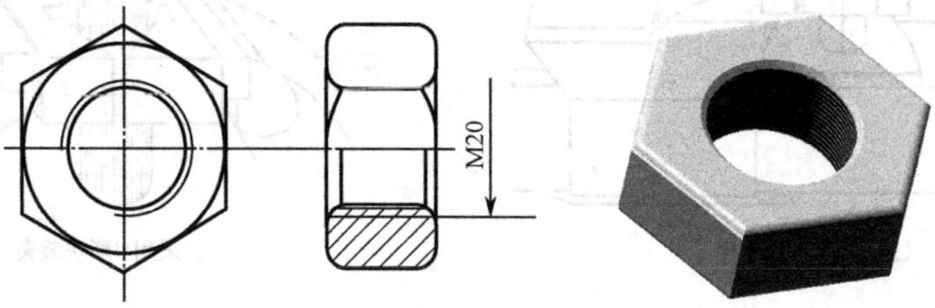

图 7-44　六角螺母

2．在图 7-45 所示的圆杆上套双头螺纹。

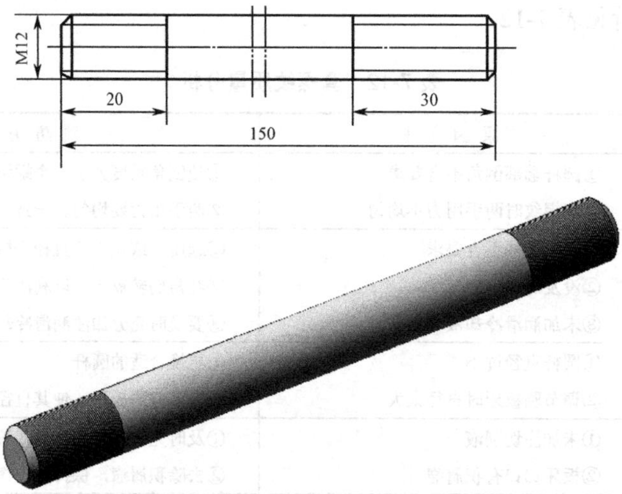

图 7-45　双头螺纹圆杆

三、项目评价评分表

1．个人知识和技能评价表

班级：　　　　　　　　　姓名：　　　　　　　　　成绩：

评 价 方 面	评价内容及要求	分值	自我评价	小组评价	教师评价	得分
项目知识内容	①了解和认识螺纹的形成与基本要素	5				
	②熟悉螺纹的种类与标记	5				

续表

评价方面	评价内容及要求	分值	自我评价	小组评价	教师评价	得分
项目知识内容	③掌握攻螺纹前底孔直径和不通孔深度的确定	7				
	④掌握套螺纹前工件圆杆直径的确定	8				
项目技能内容	①掌握攻螺纹的操作方法	10				
	②掌握套螺纹的操作方法	10				
	③学会分析解决攻、套螺纹中的质量问题	10				
	④能完成长四方块的攻、套螺纹工作	30				
安全文明生产和职业素质培养	①安全、规范操作	10				
	②文明操作，不迟到早退，操作工位卫生良好，按时按要求完成实训任务	5				

2. 小组学习活动评价表

班级： 小组编号： 成绩：

评价项目	评价内容及评价分值			自评	互评	教师评分
分工合作	优秀（15～20 分）	良好（12～15 分）	继续努力（12 分以下）			
	小组成员分工明确，任务分配合理	小组成员分工较明确，任务分配较合理	小组成员分工不明确，任务分配不合理			
实操技能操作	优秀（15～20 分）	良好（12～15 分）	继续努力（12 分以下）			
	能按技能目标要求规范完成每项实操任务	基本完成每项实操任务	基本完成每项实操任务，但规范性不够			
基本知识分析讨论	优秀（15～20 分）	良好（12～15 分）	继续努力（12 分以下）			
	概念准确，理解透彻，有自己的见解	讨论没有间断，各抒己见，思路基本清晰	讨论能够展开，分析有间断，思路不清晰，理解不透彻			
总分						

项目八 综合技能训练

采用单件、小批量或成批生产的方式，完成各技术等级工件钳工加工，是综合技能训练的根本目标要求。

项目学习目标

学习内容		学习方式
知识目标	①能按加工图样，根据生产实际条件确定加工步骤和方法 ②掌握已学的钳工基本知识和操作技能，并能综合运用 ③了解机械加工工艺过程 ④培养完成生产计划的观念，养成良好的职业道德	教师讲授、启发、引导、互动式教学
技能目标	①能正确选择、使用一般钳工工具和量具，完成初、中级钳工加工任务 ②按生产图样在和技术操作工人相同的条件下，完成定额的60%～80% ③在加工中能分析产生废品的原因和预防方法 ④能按工件的技术要求，正确选择加工方法 ⑤根据零件的需要，能熟练地调整工、夹、量具和机床设备	学生实训，教师巡回指导
情感目标	激发学生对钳工技术的兴趣，培养胆大心细的素养和团队合作意识	小组讨论，取长补短，相互协作

项目学习内容

活动一 錾口锤的制作

錾口锤加工图样如图 8-1 所示。

一、工艺准备

1．材料

材料由攻螺纹四方块转入。

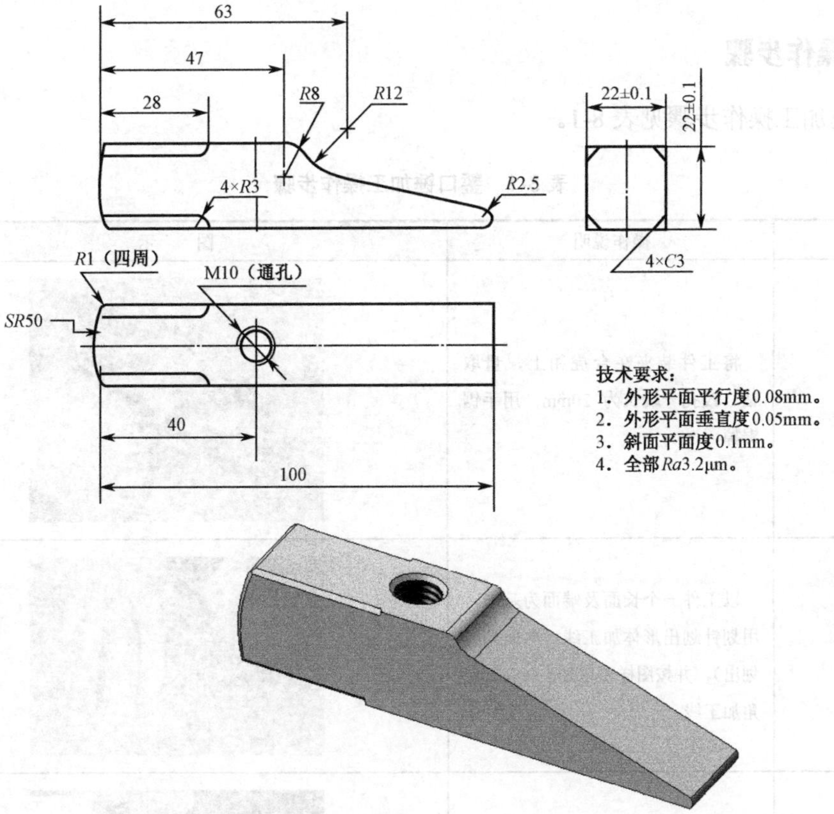

图 8-1　錾口锤加工图样

2．工、刃、量具准备

选用划线平台、划针、手锯、锉刀（1、3 号纹平锉刀，1、3 号纹圆锉刀，1、3 号纹半圆锉刀）、90° 角尺、0.02mm/（0～200）mm 游标卡尺、高度尺、半径样板等，如图 8-2 所示。

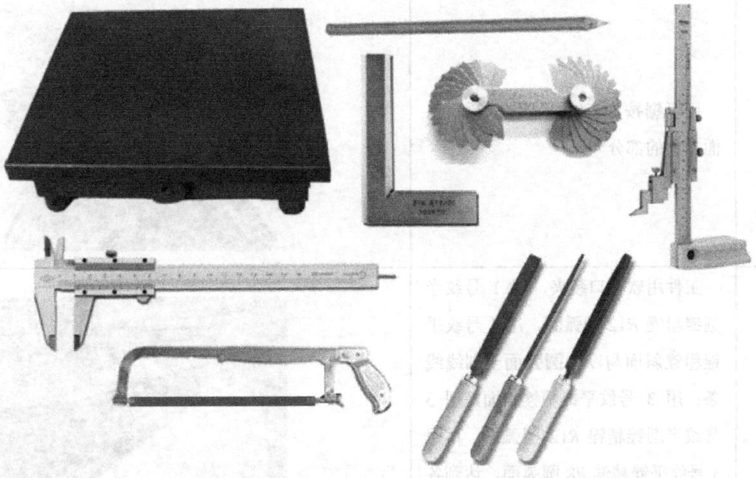

图 8-2　工、刃、量具准备

二、操作步骤

錾口锤加工操作步骤见表 8-1。

表 8-1　錾口锤加工操作步骤

步骤	操作说明	图　示
锯割	将工件装夹在台虎钳上，量取钻、铰孔一端长为 20mm，用手锯锯掉	
划线	以工件一个长面及端面为基准，用划针划出形体加工线（两面同时划出），并按图样要求划出 4×$C3$ 倒角加工线	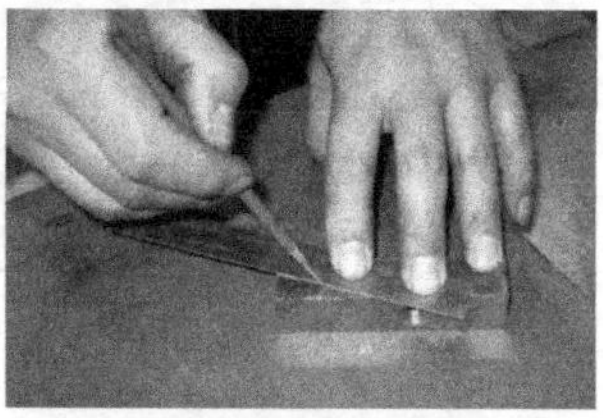
锉 4×$C3$ 倒角	先用 1 号纹圆锉刀粗锉出 $R3$ 圆弧，然后分别用 1、3 号纹平锉刀粗、精锉倒角，再用 3 号纹细锉刀锉出 $R3$ 圆弧，最后用推锉法修整，并用砂布抛光	
锯錾口斜面	用手锯按加工线要求锯除錾口斜面多余的部分	
锉斜面	工件用软钳口装夹，用 1 号纹半圆锉粗锉 $R12$ 圆弧面，用 1 号纹平锉粗锉斜面与 $R8$ 圆弧面至划线线条；用 3 号纹平锉精锉斜面，用 3 号纹半圆锉精锉 $R12$ 圆弧面，再用 3 号纹平锉精锉 $R8$ 圆弧面，达到各面连接圆滑、光洁、纹理齐整	

续表

步骤	操作说明	图示
锉 *R*2.5 圆头	将工件竖直装夹在台虎钳上，用1号、3号纹平锉粗、精锉 *R*2.5 圆头，并保证工件总长为100mm	
锉 *SR*50 球形面	调头装夹，用1号、3号纹平锉粗、精锉锤头部 *SR*50 球形面，周边倒圆角 *R*1	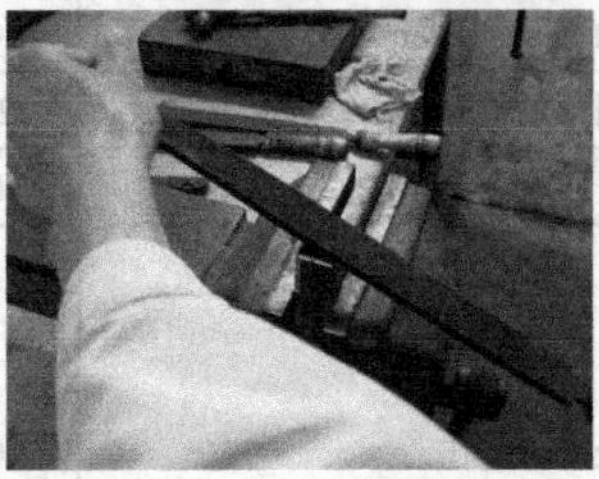

加工完成后，用锉刀去毛刺，如图 8-3 所示；再将套有螺纹的圆杆旋入錾口锤，如图 8-4 所示。

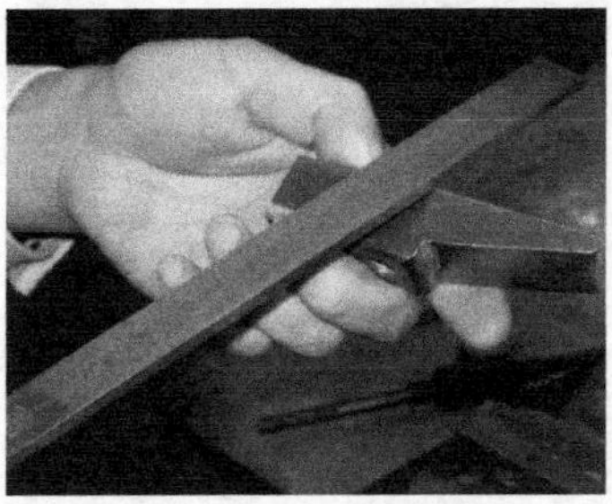

图 8-3　去毛刺

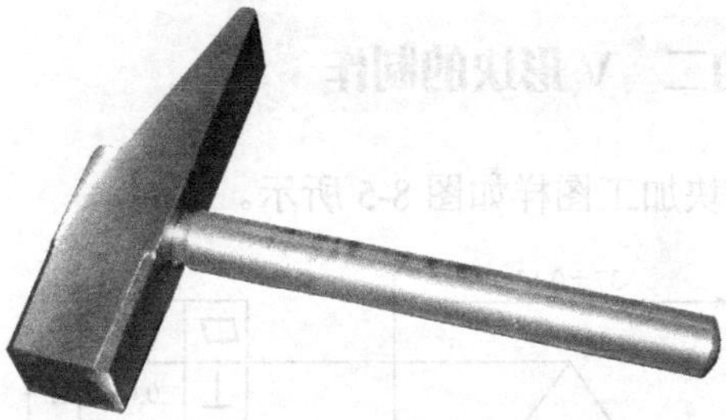

图 8-4　将圆杆旋入錾口锤

提示

錾口锤加工完成后应用砂布将各面全部抛光。

在用横锉法加工四角 *R*3 圆弧面时，要锉准、锉光，否则用推锉法时就不易推光，且易使圆弧尖角塌角。

在加工 *R*12、*R*8 圆弧面时，横向必须平直，并与侧平面垂直，这样才能使弧面连接正确。

三、錾口锤检测评价

錾口锤检测评价见表 8-2。

表 8-2 錾口锤检测评价

序号	项 目 内 容	配分	要 求	检测结果	实得分
1	平行度 0.08mm（2 处）	14	每超 0.02mm 扣 2 分		
2	垂直度 0.05mm（2 处）	14			
3	倒角 *C*3（4 处）	12	超差不得分		
4	*R*3mm 圆弧连接光滑，无塌角	10			
5	*R*2.5mm 圆弧连接光滑	10	不符合要求不得分		
6	舌部斜面平面度 0.1mm	8	每超 0.1mm 扣 2 分		
7	*R*12mm 与 *R*8mm 圆弧连接光滑	10	不符合要求不得分		
8	倒角均匀，各棱线清晰	2			
9	表面粗糙度 *Ra*3.2μm	10	每降一级扣 2 分		
10	安全文明操作	10	①正确执行安全技术操作规程 ②按企业有关文明生产规定，做到工作场地整洁，工、量、刃具摆放整齐 ③操作动作规范、协调、安全 ④严重违反规程，视情节扣 10～50 分，直至取消考核操作资格	现场记录	

活动二 V 形块的制作

V 形块加工图样如图 8-5 所示。

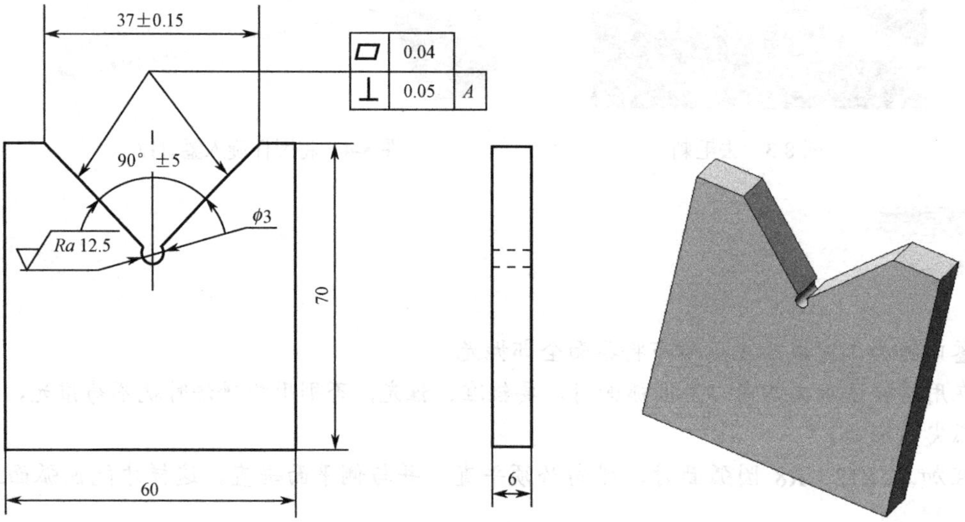

图 8-5 V 形块加工图样

一、工艺准备

1．材料

材料为 Q235，规格为 60mm×70mm×6mm（工件两平面在磨床上已磨出）。

2. 工、刃、量具准备

选用划针、手锯、锉刀（平锉、三角锉）、样冲、ϕ3mm 直柄麻花钻、0.02mm/（0～200）mm 游标卡尺、高度尺、90°角尺、万能角度尺（或样板）等，如图 8-6 所示。

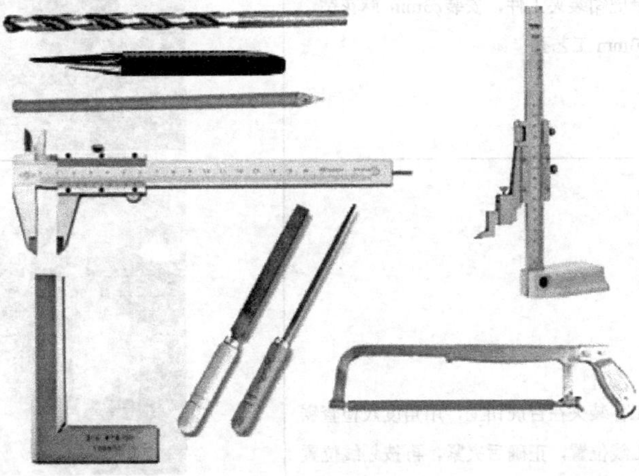

图 8-6 工、刃、量具准备

二、操作步骤

V 形块加工操作步骤见表 8-3。

表 8-3 V 形块加工操作步骤

步 骤	操 作 说 明	图 示
划线	按图样加工要求，划出ϕ3mm 工艺孔位置和 V 形块锯割加工线	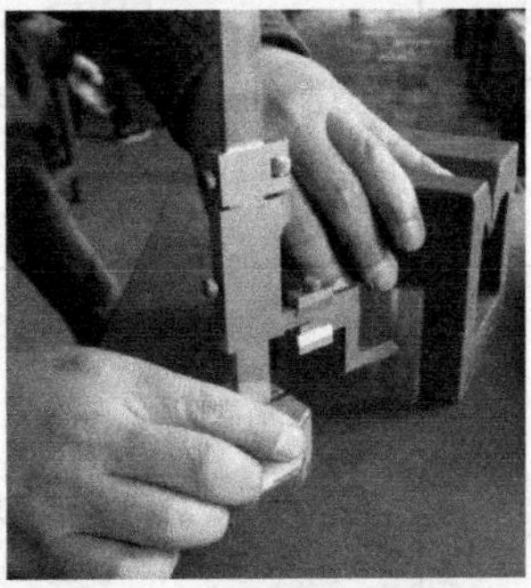
打样冲眼	按划线位置，在ϕ3mm 工艺孔中心位置打样冲眼	

续表

步　骤	操 作 说 明	图　示
钻孔	用台虎钳装夹工件，安装ϕ3mm 麻花钻，钻出ϕ3mm 工艺孔	
锯割	将工件装夹在台虎钳上，用角度尺检查锯削加工线位置，正确后夹紧，再按划线位置锯割 V 形成形	

锉削	粗、精锉 V 形面，达到平面度 0.04mm、垂直度 0.05mm 和 V 形面角度 90°±5′ 要求	
检测	用游标卡尺检测 V 形面尺寸、对称度	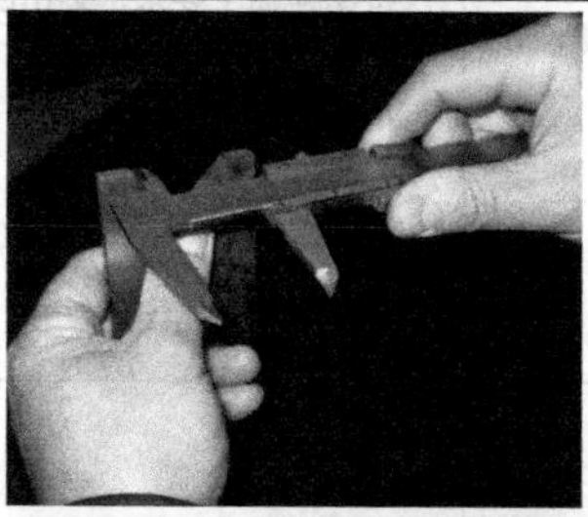
	用万能角度尺（或样板）检测 V 形面角度	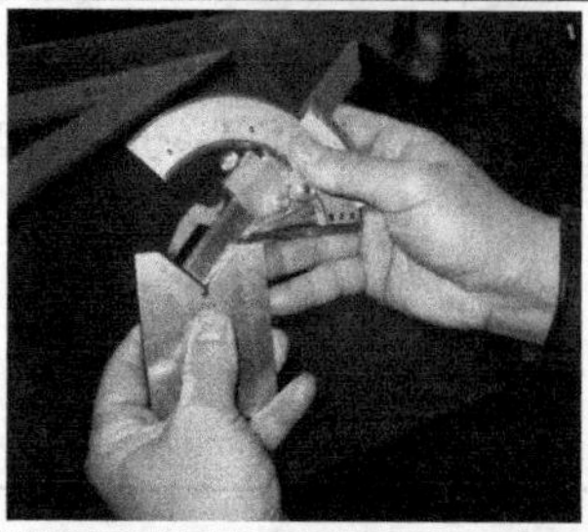

提示

在划锯割加工线时应采用双面划线，并注意应留有一定的余量。
锉削 V 形面时，要及时检查 90° 角的尺寸与对称度。

三、V 形块检测评价

V 形块检测评价见表 8-4。

表 8-4 V 形块检测评价

序号	项 目 内 容	配分	要 求	检测结果	实得分
1	37±0.15mm	20	每超 0.02mm 扣 2 分		
2	90°±5′	25	每超 1′ 扣 5 分		
3	平面度 0.04mm	15	超差不得分		
4	垂直度 0.05mm	15			
5	表面粗糙度 *Ra*1.6μm	15	每降一级扣 2 分		
6	安全文明操作	10	①正确执行安全技术操作规程 ②按企业有关文明生产规定，做到工作场地整洁，工、量、刃具摆放整齐 ③操作动作规范、协调、安全 ④严重违反规程，视情节扣 10～50 分，直至取消考核操作资格	现场记录	

活动三 四方体锉配

四方体锉配图样如图 8-7 所示。

一、工艺准备

1. 材料

材料为 HT150，规格为 86mm×66mm×8mm 和 30mm×30mm×25mm（工件两平面在磨床上已磨出）。

2. 工、刃、量具准备

选用划针、锉刀（平锉、四方锉）、样冲、ϕ5mm 直柄麻花钻、扁錾、0.02mm/（0～200）mm 游标卡尺、千分尺、高度尺、90° 角尺、塞尺等，如图 8-8 所示。

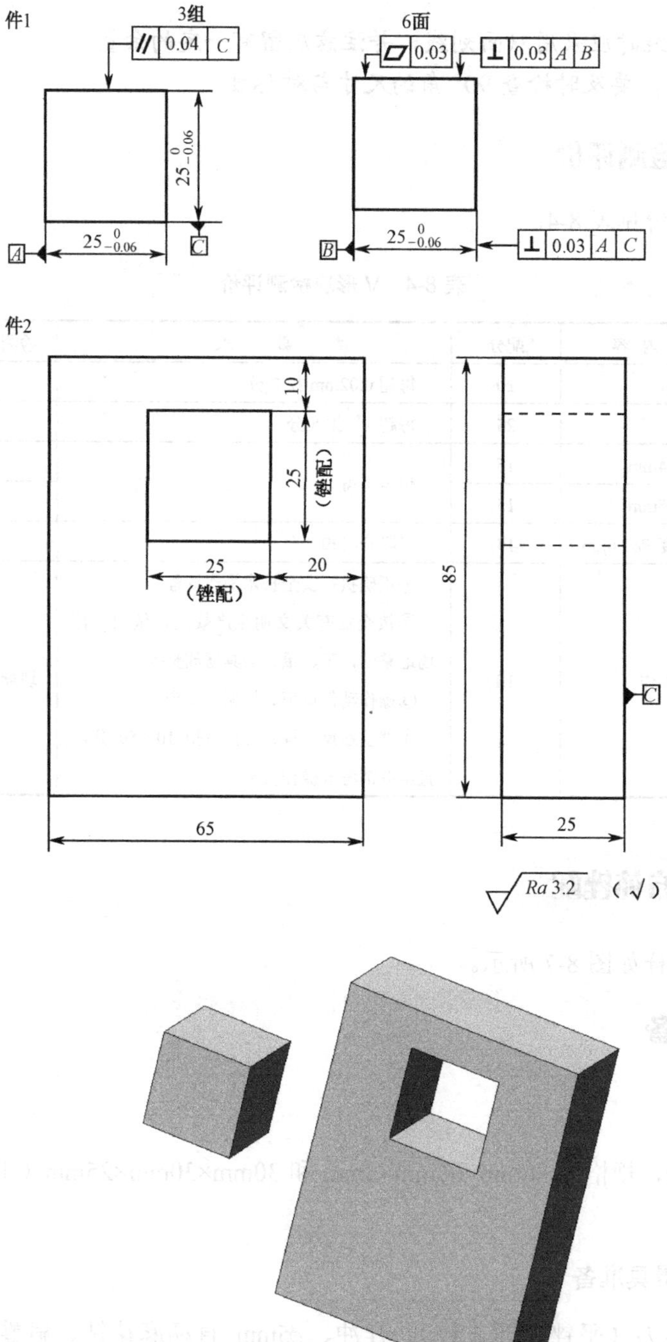

图 8-7　四方体锉配图样

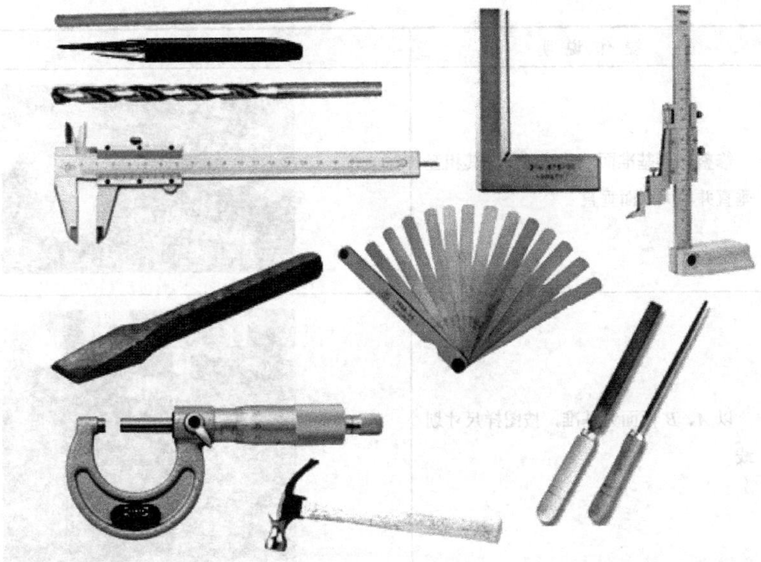

图 8-8　工、刃、量具准备

二、操作步骤

四方体锉配的操作步骤见表 8-5。

表 8-5　四方体锉配的操作步骤

步　骤	操 作 说 明	图　示
锉外四方体	按图样要求，在外四方体上划出锉削加工线	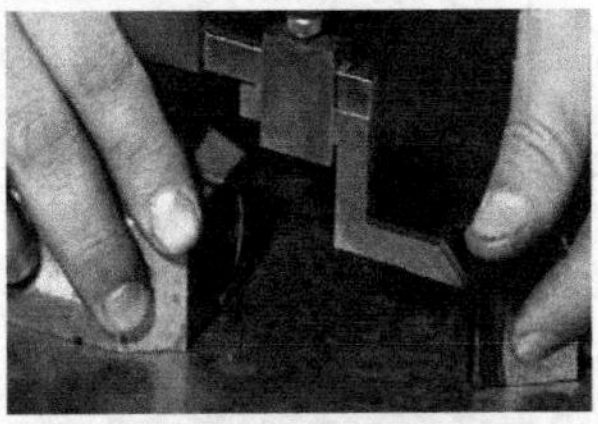
	根据所划加工线，锉削外四方体四面至图样要求尺寸	
	用千分尺检测外四方体对边尺寸是否符合图样要求，并进行修锉	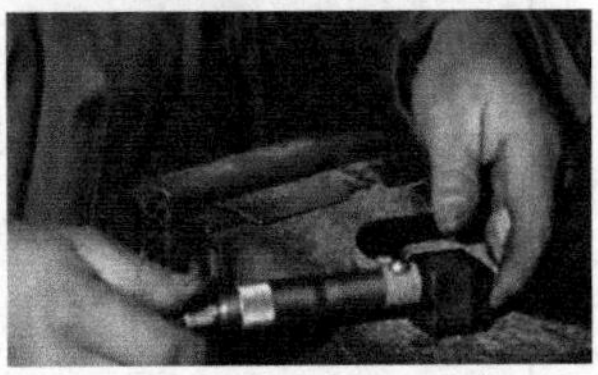

续表

步　骤	操作说明	图　示
锉配内四方体	修整外形基准面 *A* 和 *B*，使其相互垂直并与大平面垂直	
	以 *A*、*B* 两面为基准，按图样尺寸划线	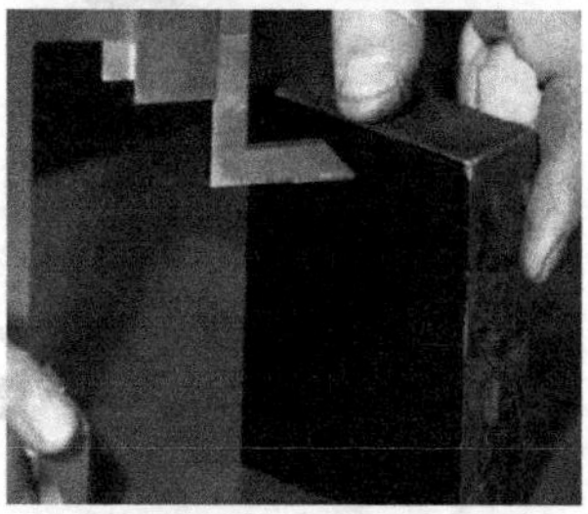
	将工件装夹在台虎钳上，安装 ϕ5mm 麻花钻，按划线位置钻削排孔	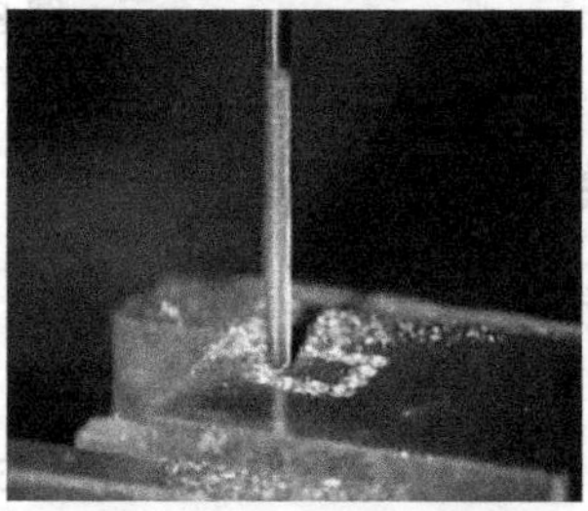
	用扁錾沿排孔四周錾除余料	
	用方锉粗锉四边，每边留 0.1～0.2mm 的细锉余量	
	细锉靠近 *A* 面的一面，锉到接触划线线条，达到平面纵横平直，并与 *A* 面平行，即与大平面垂直	

续表

步　骤	操 作 说 明	图　示
锉配内四方体	细锉与第一面相对的平面，达到与第一面平行，尺寸 25mm 可用外四方体试配	
	细锉其余两面，并用外四方体试配，达到能较紧地塞入即可	
		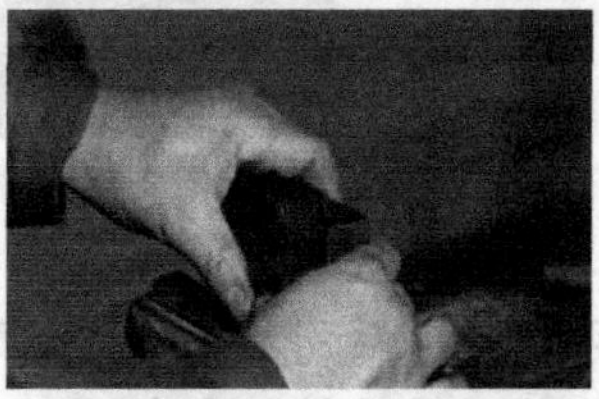
	精锉修整各面，用外四方体任意一面锉配	

	将外四方体塞入内四方体中，用塞尺检查配合间隙	

提示

在划内四方体加工位置线后，还应用加工好的外四方体校合所划线条是否正确，如图 8-9 所示。

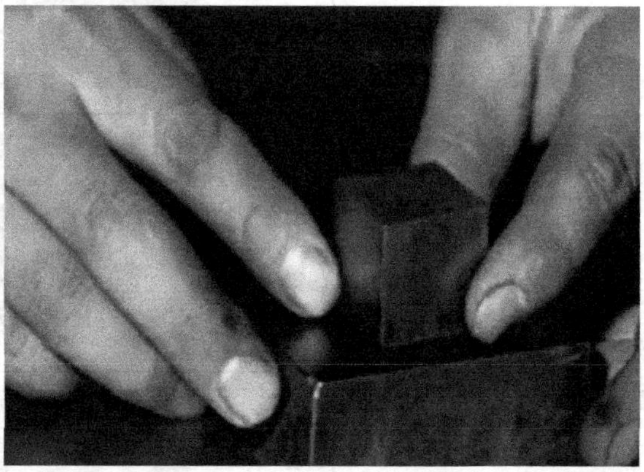

图 8-9　校合加工位置线

当细锉两加工面后用外四方体试配时，因为要留修整余量，所以能塞紧就可以了。

当内四方体四面均精锉完成后，外四方体能进入内四方体时，采用透光和涂色相结合的方法检查基准部位，如图 8-10 所示；然后逐步修锉达到配合要求，最后做转位互换的修整，达到推入推出无阻滞。

图 8-10　涂色法检查

三、四方体锉配检测评价

四方体锉配检测评价见表 8-6。

表 8-6　四方体锉配检测评价

序号	项 目 内 容	配分	要　　求	检测结果	实得分
1	$25_{-0.06}^{\ 0}$ mm（3 处）	12	每超差一处扣 4 分		
2	∥ 0.04 C	8	超差全扣		
3	▱ 0.03（6 面）	12	每超差一面扣 2 分		
4	⊥ 0.03 A B	8	每超差一面扣 4 分		
5	⊥ 0.03 A C	8			
6	*Ra*3.2μm（10 面）	10	每面 1 分，降一级扣 1 分		
7	配合间隙≤0.06mm	16	每超差一面扣 4 分		
8	喇叭口≤0.1mm	6	每超差一面扣 1.5 分		
9	角清晰	4	目测每有一角超差扣 1 分		
10	转位互换精度	6	不能塞进一次扣 2 分		
11	安全文明操作	10	①正确执行安全技术操作规程 ②按企业有关文明生产规定，做到工作场地整洁，工、量、刃具摆放整齐 ③操作动作规范、协调、安全 ④严重违反规程，视情节扣 10～50 分，直至取消考核操作资格	现场记录	

参考文献

[1] 王兵. 图解钳工技术快速入门[M]. 上海：上海科学技术出版社，2010.
[2] 王宝康. 钳工制作[M]. 北京：中国劳动社会保障出版社，2008.
[3] 王国玉，苏全卫. 钳工技术基本功[M]. 北京：人民邮电出版社，2011.
[4] 王兵. 金工实训[M]. 北京：化学工业出版社，2010.
[5] 侯文祥，逯萍. 钳工基本技能训练[M]. 北京：机械工业出版社，2008.